广东省工业园区
双重预防机制建设

广东省安全生产科学技术研究院　编著

GUANGDONG SHENG GONGYE YUANQU
SHUANGCHONG YUFANG JIZHI JIANSHE

暨南大学出版社
JINAN UNIVERSITY PRESS

中国·广州

图书在版编目（CIP）数据

广东省工业园区双重预防机制建设/广东省安全生产科学技术研究院编著. —广州：暨南大学出版社，2022.10
ISBN 978 - 7 - 5668 - 3507 - 9

Ⅰ.①广…　Ⅱ.①广…　Ⅲ.①工业园区—安全管理—研究—广东
Ⅳ.①X931

中国版本图书馆 CIP 数据核字（2022）第 177981 号

广东省工业园区双重预防机制建设
GUANGDONG SHENG GONGYE YUANQU SHUANGCHONG YUFANG JIZHI JIANSHE
编著者：广东省安全生产科学技术研究院
....

出 版 人：张晋升
项目统筹：张仲玲
策划编辑：武艳飞
责任编辑：王辰月
责任校对：孙劭贤
责任印制：周一丹　郑玉婷

出版发行：暨南大学出版社（511443）
电　　话：总编室（8620）37332601
　　　　　营销部（8620）37332680　37332681　37332682　37332683
传　　真：（8620）37332660（办公室）　37332684（营销部）
网　　址：http://www.jnupress.com
排　　版：广州尚文数码科技有限公司
印　　刷：深圳市国际彩印有限公司
开　　本：787mm×1092mm　1/16
印　　张：15.25
字　　数：236 千
版　　次：2022 年 10 月第 1 版
印　　次：2022 年 10 月第 1 次
定　　价：69.80 元

（暨大版图书如有印装质量问题，请与出版社总编室联系调换）

前　言

　　继 2015 年 "8·12" 天津滨海新区天津港危险品仓库火灾爆炸事故和广东省深圳市光明新区 "12·20" 特别重大滑坡事故发生后，党中央和国务院从国家层面开始重新思考和定位当前的安全监管模式和企业事故预防等方面存在的问题。2016 年 1 月，习近平总书记在中共中央政治局常委会会议上发表重要讲话强调："重特大突发事件，不论是自然灾害还是责任事故，其中都不同程度存在主体责任不落实、隐患排查治理不彻底等问题。必须坚决遏制重特大事故频发势头，对易发重特大事故的行业领域采取风险分级管控、隐患排查治理双重预防性工作机制，推动安全生产关口前移"，首次提出了 "双重预防" 的概念。2016 年，国务院安委会办公室《关于实施遏制重特大事故工作指南构建双重预防机制的意见》（安委办〔2016〕11 号）强调："全面推行安全风险分级管控，进一步强化隐患排查治理，推进事故预防工作科学化、信息化、标准化，实现把风险控制在隐患形成之前、把隐患消灭在事故前面；尽快建立健全安全风险分级管控和隐患排查治理的工作制度和规范，完善技术工程支撑、智能化管控、第三方专业化服务的保障措施，实现企业安全风险自辨自控、隐患排查自治，形成政府领导有力、部门监管有效、企业责任落实、社会参与有序的工作格局。" 在这样的大背景下，推进企业双重预防机制建设迅速成为各级政府安全监管工作的重要内容。

　　工业园区是一个国家或区域的政府根据自身经济发展的内在要求，通过行政手段划出的一块区域，聚集各种生产要素，在一定空间范围内进行科学整合，提高工业化的集约强度，突出产业特色，优化功能布局，使之成为适应市场竞争和产业升级的现代化产业分工协作生产区。各地区政府把工业园区建设作为拉动区域经济增长的新引擎，纷纷制定政策与规划推动工业园区的发展，使我国工业园区建设呈现良好的发展势头。但是，由于我国工业园区建设起步较晚，建设经验不是很丰富，在我国工业园区快速发展的背后，也突显出一些问题。其中，关于工业园区安全管理的研究与实践相对落后，因此对如何建立工业园区安全管理体系尚缺乏可操作的实施指引。

本书以广东省工业园区的双重预防机制建设为背景，第一章介绍了双重预防机制的背景、管理方法的演变，提出了双重预防机制的基本要求；第二章介绍了广东省工业园区的安全生产现状；第三章介绍了广东省工业园区双重预防机制建设的准备与启动工作；第四章介绍了广东省工业园区双重预防机制建设的规划；第五章介绍了广东省工业园区如何进行安全风险分级管控；第六章介绍了广东省工业园区如何建立风险分级管控体系；第七章介绍了广东省工业园区如何建立隐患排查治理体系；第八章介绍了广东省工业园区如何进行双重预防机制管理信息化建设；第九章介绍了广东省工业园区如何持续改进双重预防机制；第十章介绍了广东省工业园区如何开展双重预防机制的自评与等级评价。本书介绍了工业园区双重预防机制建设的工作思路、方法和路径，为广东省开展工业园区双重预防机制建设提供了参考，进而提高了工业园区的本质安全水平。

参与本书编写的人员有刘杰、王建德、张浩峰、陈佳军等。由于编者水平有限，编写时间仓促，书中难免有不当之处，敬请读者批评指正并提出宝贵意见。

编者
2022 年 8 月

目 录

第一章 双重预防机制概述

第一节 双重预防机制背景

安全生产是关系人民群众生命财产安全的大事，是经济社会协调健康发展的标志。2013 年 6 月，习近平总书记就做好安全生产工作作出重要指示："人命关天，发展绝不能以牺牲人的生命为代价。这必须作为一条不可逾越的红线。"

生产安全风险分级管控和隐患排查治理双重预防机制（以下简称双重预防机制）是我国安全工作者在党中央的指引下通过长期的安全管理实践和理论探索提出的重大创新，为我国的安全生产管理工作提供了有效的方法，指明了工作方向。

一、工业化时代的安全形势

人类社会进入工业化时代以来，生产方式发生了根本性的转变，随着生产效率的突飞猛进，生产场地日益集中、工艺日趋复杂、原材料范围更加广泛，岗位分工更加细致，对人员综合素质的要求越来越高。但与此同时，安全压力也越来越大：一方面灾难性事故后果越来越严重；另一方面现代社会人们对人员伤亡事件和环境破坏的容忍度越来越低。因此，如何不断提升安全管理水平始终是当今社会发展必须要解决的问题。

（一）20 世纪世界十大安全事故

1. 法国科瑞尔斯矿难

1906 年 3 月 10 日，法国北部科瑞尔斯煤矿发生粉尘爆炸事故。事故共造成 1 099 人死亡，占当时正在作业矿工总数的 2/3，其中包括很多童工。这起事故被认为是欧洲历史上最严重的矿难。

2．"泰坦尼克"号沉没事故

1912 年 4 月 15 日，"泰坦尼克"号豪华游轮在其处女航行中撞在冰山上并沉没。它是当时世上最为奢华富丽的游轮，造价 700 万美元，"泰坦尼克"号沉没后，在冰冷海水中丧生的人数高达 1 500 人以上。

3．加拿大哈利法克斯大爆炸

1917 年 12 月 6 日，一辆装载有大量军事炸药的运输船在加拿大哈利法克斯镇爆炸，导致 2 000 人死亡、近万人受伤，以相当于 2 900 吨三硝基甲苯（TND）的爆炸力创造了在第一枚核弹爆炸之前最惨重的人为爆炸事故记录。

4．中国本溪湖矿难

1942 年 4 月 26 日，在日本帝国主义统治下的伪满洲国辽宁省本溪湖（今辽宁省本溪市）煤矿发生了瓦斯爆炸，日本矿主为了保存矿产资源，停止向矿井下送风，导致 1 549 人死亡，占当日入井作业矿工的 34%。

5．美国得克萨斯州大爆炸

1947 年 4 月 16 日，在美国得克萨斯州，一艘装载化肥的船突然起火、爆炸，并触发了一系列的连锁反应。这起爆炸事故导致 576 人死亡，超过 31 500 人受伤，参与灭火的消防志愿队只有一人幸存。上千栋居民楼和商业建筑被摧毁，1 100 艘船和 362 辆汽车遭损毁，直接财产损失达 1 亿美元。

6．西班牙特内里费空难

1977 年 3 月 27 日，一架美国泛美航空公司的波音 747 和一架荷兰皇家航空公司的波音 747 飞机，在西班牙特内里费的洛斯罗迪欧机场发生地面相撞事故，造成 583 人死亡。

7．印度比哈尔铁轨事故

1981 年 6 月 6 日，一列由印度新德里开往加尔各答的列车在经过巴格玛蒂河大桥时，司机突然发现一只水牛停在铁轨中间，于是司机采取了紧急制动措施，结果列车发生了可怕的倾覆，七节车厢跌落桥下。由于正值周末，列车超员严重，车顶上都坐满了人，列车落水后许多人被河水冲走或吞没，导致死亡人数无法准确统计，但保守估计死亡人数不少于 800 人，也有媒体估计死亡人数超过 2 000 人。

8. 墨西哥圣胡安尼科大爆炸

1984 年 11 月 19 日，墨西哥国家石油公司在圣胡安尼科的储油设施发生爆炸，导致整个工厂被摧毁，工厂内当时储有 11 000 m^3 的液化丙烷和丁烷气体。这一爆炸也毁掉了附近的小镇，超过 5 000 人遇难，数千人被严重烧伤。

9. 印度博帕尔毒气泄漏事故

1984 年 12 月 3 日凌晨，联合碳化物（印度）有限公司设于博帕尔贫民区附近的一所农药厂发生氰化物泄漏事件。官方公布瞬间死亡人数为 2 259 人，当地政府确认和气体泄漏有关的死亡人数为 3 787 人，还有大约 8 000 人在接下来的两个星期中丧命。另据一份 2006 年的官方文件，这次泄漏共造成 558 125 人受伤，包括 38 478 人暂时局部残疾、大约 3 900 人严重和永久残疾。

10. 乌克兰切尔诺贝利核事故

1986 年 4 月 26 日凌晨 1 点 23 分，乌克兰普里皮亚季邻近的切尔诺贝利核电厂的第四号反应堆发生爆炸，连续的爆炸引发了大火并散发出大量高能辐射物质到大气层中，这些辐射尘波及了大面积区域。这次灾难所释放出的辐射线剂量是第二次世界大战时期爆炸于广岛的原子弹的 400 倍以上，该事故被认为是史上最严重的核电事故，也是首例被国际核事件分级表评为第七级的特大事故。到 2006 年，绿色和平组织基于白俄罗斯国家科学院的研究数据发现，在过去 20 年间，切尔诺贝利核事故受害者总计达 9 万多人，随时可能死亡。

（二）国外安全管理研究现状

事故事前管控是海因里希（W. H. Heinrich）在其 1931 年出版的《工业事故预防》一书中首次提出的理念，该书比较系统地阐述了当时安全管理的思想和经验，提出了事故预防的模糊理论。20 世纪 70 年代初，欧美国家相继颁布了安全法规，开始从国家立法层面推动安全生产的发展。此后，弗兰克·伯德和乔治·杰曼等人发展了海因里希的理论。1993 年，英国政府的健康和安全执行组进一步发展了伯德的理论，使安全管理理论从事故预防发展到风险预控阶段，基于风险预控的安全管理方法得到发展，并在实践中日趋成熟。

目前，国际上较为成熟的风险预控管理方法有很多，具有代表性的有南非国家职业安全协会（National Occupational Safety Association，NOSA）五星安全管理体系、杜邦 HSE 管理理念、美国万全管理体系以及国际上通行的 OSHMS 18000 管理体系。这些体系的元素设置虽然各不相同，但都是基于安全生产风险管控的管理方法。

二、我国安全生产特点和形势

（一）2000 年来我国发生的特别重大事故

改革开放以来，中国已经步入工业化、城镇化、信息化快速发展的时期，在中国特色社会主义旗帜的引领下，社会主义建设取得了举世瞩目的伟大成就。但与此同时，我们对安全风险出现的新情况、新风险、新挑战的认识还有不足，工作中还存在盲区和死角，还存在认不清、想不到、管不到的问题，近年来特别重大事故仍有发生。

1. 江苏响水天嘉宜化工有限公司 "3·21" 特别重大爆炸事故

2019 年 3 月 21 日，位于江苏省盐城市响水县生态化工园区的天嘉宜化工有限公司发生特别重大爆炸事故，造成 78 人死亡、76 人重伤，640 人住院治疗，直接经济损失达 198 635.07 万元。

2. 广东深圳光明新区 "12·20" 特别重大滑坡事故

2015 年 12 月 20 日，广东省深圳市光明新区的红坳渣土受纳场发生滑坡事故，造成 73 人死亡，4 人下落不明，17 人受伤，33 栋建筑物被损毁、掩埋，90 家企业生产受影响，涉及员工 4 630 人，经济损失达 8.81 亿元。

3. "8·12" 天津滨海新区天津港危险品仓库火灾爆炸事故

2015 年 8 月 12 日，天津市滨海新区天津港的瑞海公司危险品仓库发生火灾爆炸事故，造成 165 人遇难，8 人失踪，798 人受伤，304 幢建筑物、12 428 辆商品汽车、7 533 个集装箱受损，直接经济损失达 68.66 亿元。

4. "5·25" 河南平顶山特别重大火灾事故

2015 年 5 月 25 日，河南省平顶山市鲁山县康乐园老年公寓发生特别重大火灾事故，造成 39 人死亡、6 人受伤，过火面积 745.8 m^2，直接经济损失 2 064.5 万元。

5. "8·2" 江苏苏州昆山中荣铝粉尘爆炸事故

2014 年 8 月 2 日 7 时 34 分，位于江苏省苏州市昆山市昆山经济技术开发区的昆山中荣金属制品有限公司抛光二车间发生特别重大铝粉尘爆炸事故，当天造成 75 人死亡、185 人受伤。依照《生产安全事故报告和调查处理条例》规定的事故发生后 30 日报告期内的补充报告，共有 97 人死亡、163 人受伤（事故报告期后，经全力抢救医治无效陆续死亡 49 人，尚有 95 名伤员在医院治疗，病情基本稳定），直接经济损失达 3.51 亿元。

6. 山东青岛 "11·22" 输油管道泄漏爆炸事故

2013 年 11 月 22 日，山东省青岛市中石化管道储运分公司东黄输油管道泄漏原油进入市政排水暗渠，在形成密闭空间的暗渠内油气积聚，遇火花发生爆炸，共造成 62 人遇难，136 人受伤，直接经济损失达 7.5 亿元。

7. "6·3" 吉林德惠特别重大火灾爆炸事故

2013 年 6 月 3 日，吉林省长春市德惠市的吉林宝源丰禽业有限公司主厂房发生特别重大火灾爆炸事故，共造成 121 人死亡、76 人受伤，17 234 m^2 主厂房及厂房内生产设备被损坏，直接经济损失达 1.82 亿元。

8. "11·15" 上海静安区高层住宅大火

2010 年 11 月 15 日 14 时 15 分许，位于上海静安区胶州路 728 弄 1 号胶州高层教师公寓发生大火。经查，当日 14 时 14 分，电焊工吴国略和工人王永亮在加固胶州路 728 弄公寓大楼 10 层脚手架的悬挑支架过程中，违规进行电焊作业引发火灾，此次火灾造成 58 人死亡、71 人受伤，直接经济损失达 1.58 亿元。

9. 中石油川东钻探公司 "12·23" 井喷特大事故

2003 年 12 月 23 日深夜 21 时 55 分，重庆市开县（今开州区）高桥镇罗家寨发生特大井喷事故，富含硫化氢的天然气猛烈喷射 30 多米高，失控的有毒气体随空气迅速向四周弥漫，距离气井较近的重庆市开县 4 个乡镇 6 万多灾民需要紧急疏散转移。事故导致 243 人因硫化氢中毒死亡、2 142 人因硫化氢中毒住院治疗、65 000 人被紧急疏散、安置。

10. "12·25" 河南东都商厦火灾

2000 年 12 月 25 日 21 时 35 分，河南省洛阳市东都商厦发生特大火灾事故，造成 309 人死亡、7 人受伤，直接财产损失 275 万元。法医鉴定 309

名死者死因均为吸入式窒息（其中男 135 人，女 174 人）。经查，此次火灾是因为经营期间违章动火作业所致。

（二）国内安全管理研究现状

近年来，我国一些企业积极探索安全管理理念和方式的创新。中国石油天然气集团有限公司建立了 QHSE（Quality，Health，Safety，Environment）体系，逐步成为有世界影响力的先进管理体系。神华集团有限责任公司将风险预控的思想引入煤矿安全管理，创新和总结出了"只有感悟不到的隐患，没有避免不了的事故""只要管理到位就可以实现安全生产""无人则安"等安全管理理念。危险化学品生产企业等高危企业普遍建立了 ISO 9000 质量管理体系、ISO 14000 环境管理体系、OHSAS 18000 职业安全健康管理体系等，还有一些企业建立了 NOSA 五星安全管理体系，形成了 SDIMS 一体化综合管理体系等。近年来我国在企业中积极推进的安全标准化体系，为各类企业的安全生产提供了良好的支撑。

尽管我国生产企业在安全管理创新上取得了一些进展，但在安全管理实践中仍存在众多问题，仍无法彻底改变当前我国安全生产的被动局面，其原因在于还没有形成一套科学的、具有中国特色的、能够系统指导生产经营单位安全生产的综合管理体系和控制技术。因此，针对当前我国安全生产的现状和存在的问题，吸取安全管理的实践经验，借鉴国外先进的安全管理理念，运用现代安全管理理论与方法，构建反映我国特点的安全生产风险分级管控和隐患排查治理双重预防工作机制，对提升安全生产管理和控制技术水平，实现安全生产和经济社会协调发展，都具有重要的理论意义和现实意义。

三、安全管理发展趋势

中华人民共和国成立以来，安全管理工作的发展历程可以大致分为经验式管理、制度化管理、风险管理三个阶段。风险管理是安全管理的最高阶段，它从造成事故的根源出发，从根本上减少、消除事故。风险管理的基本原理是在全面辨识风险的基础上，运用风险管控的技术，综合采用技术和管理相结合的措施，以管理危险源和事件来控制事故，从而实现"一切风险皆可控""一切意外均可避免"的风险管理目标。随着社会的发展和进步，风险管理是安全管理的重要发展趋势，也是社会发展的必然。

第二节　管理方法演变

一、事故法则

1941 年，美国的海因里希统计了 55 万件机械事故，其中死亡、重伤事故 1 666 件，轻伤 48 334 件，其余为无伤害事故，从而得出海因里希法则，即在机械事故中，伤亡、轻伤、不安全行为的比为 1∶29∶300，国际上把这一法则叫事故因果连锁理论，如图 1 - 1 所示。

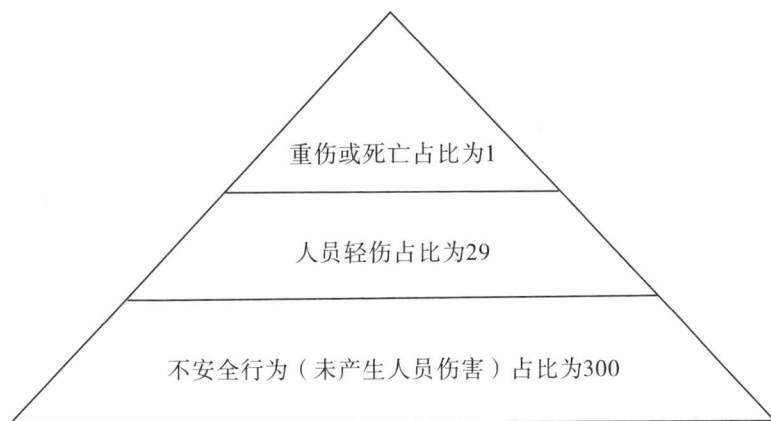

图 1 - 1　海因里希事故因果连锁理论

这个法则说明，在机械生产过程中，每发生 330 起意外事件，就有 300 件未产生人员伤害，29 件造成人员轻伤，1 件导致重伤或死亡。当然不同的社会经济发展条件、不同行业，具体数值会有一些差别，但事故发生的"冰山一角"的观念在安全界产生极大影响。

二、常见事故致因理论

事故发生有其自身的发展规律和特点，只有掌握了事故发生的规律，才能保证安全生产系统处于有效状态。前人站在不同的角度，对事故进行研究，给出了很多事故致因理论，下面简要介绍几种。

（一）事故频发倾向理论

1919 年，英国的格林伍德（M. Greenwood）和伍兹（H. H. Woods）把许多伤亡事故的发生次数按照如下三种分布进行了统计分析，发现：

（1）泊松分布（poisson distribution）。当发生事故的概率不存在个体差异时，即不存在事故频发倾向者时，一定时间内事故发生次数服从泊松分布。这种情况下，事故的发生原因是工厂里的生产条件、机械设备以及一些其他偶然因素。

（2）偏倚分布（biased distribution）。一些工人由于存在精神或心理方面的毛病，如果在生产操作过程中发生过一次事故，则会胆怯或神经过敏，当其继续操作时，就有发生第二次、第三次事故的倾向，符合这种统计分布的主要是少数有精神或心理缺陷的工人。

（3）非均等分布（distribution of unequal liability）。当工厂中存在许多特别容易发生事故的人时，发生不同次数事故的人数服从非均等分布，即每个人发生事故的概率不相同。在这种情况下，事故的发生主要是由于人的因素。进一步的研究结果发现，工厂中存在事故频发倾向者。

在此研究基础上，1939 年，法默（Farmer）和查姆勃（Chamber）等人提出了事故频发倾向（accident proneness）理论。事故频发倾向是指个别容易发生事故的、稳定的、个人的内在倾向。事故频发倾向者的存在是工业事故发生的主要原因，即少数具有事故频发倾向的工人是事故频发倾向者，他们的存在是工业事故发生的原因。如果企业中减少了事故频发倾向者，就可以减少工业事故。

因此，人员选择就成了预防事故的重要措施，通过严格的生理、心理检验，从众多的求职人员中选择体力、智力、性格特征及动作特征等方面优秀的人才就业，而把企业中的所谓事故频发倾向者解雇，从而减少工业事故。

频发倾向理论是早期的事故致因理论，显然不符合现代事故致因理论的理念。

（二）事故因果连锁理论

1. 海因里希事故因果连锁理论

1931 年，美国的海因里希在《工业事故预防》（*Industrial Accident*

Prevention）一书中，阐述了根据当时的工业安全实践总结出来的工业安全理论，事故因果连锁理论是其中重要的组成部分。

海因里希第一次提出了事故因果连锁理论，阐述导致伤亡事故的各种原因、因素间及与伤害间的关系，认为伤亡事故的发生不是一个孤立的事件，尽管伤害可能在某瞬间突然发生，却是一系列原因事件相继发生的结果。

（1）伤害事故连锁构成。

海因里希把工业伤害事故的发生发展过程描述为具有一定因果关系的事件的连锁：

① 人员伤亡的发生是事故的结果。

② 事故的发生原因是人的不安全行为或物的不安全状态。

③ 人的不安全行为或物的不安全状态是由人的缺点造成的。

④ 人的缺点是由不良环境诱发或者是由先天的遗传因素造成的。

（2）事故连锁过程影响因素。

海因里希将事故因果连锁过程概括为以下五个因素：

① 遗传因素及社会环境。遗传因素及社会环境是造成人的性格缺点的原因。遗传因素可能造成鲁莽、固执等不良性格；社会环境可能妨碍教育，助长性格缺点的发展。

② 人的缺点。人的缺点是使人产生不安全行为或造成机械、物质不安全状态的原因，它包括鲁莽、固执、过激、神经质、轻率等性格上的先天缺点，以及缺乏安全生产知识和技能等的后天缺点。

③ 人的不安全行为或物的不安全状态。所谓人的不安全行为或物的不安全状态是指那些曾经引起过事故，可能再次引起事故的人的行为或机械、物质的状态，它们是造成事故的直接原因。

④ 事故。事故是由于物体、物质、人或放射线的作用或反作用，使人员受到伤害或可能受到伤害的、出乎意料的、失去控制的事件。

⑤ 伤害。由于事故直接产生的人身伤害。

海因里希用多米诺骨牌来形象地描述这种事故因果连锁关系。在多米诺骨牌系列中，一块骨牌被碰倒了，则将发生连锁反应，其余的几块骨牌相继也会被碰倒。如果移去中间的一块骨牌，则连锁反应被破坏，事故过程被中止。他认为，企业安全工作的中心就是防止人的不安全行为，消除机械的或物质的不安全状态,中断事故连锁的进程而避免事故的发生,如图 1-2 所示。

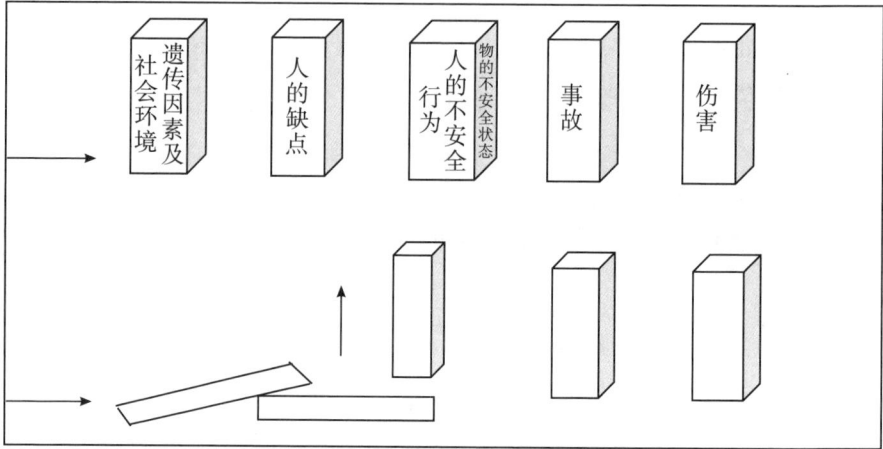

图 1-2 海因里希事故因果连锁理论

海因里希的工业安全理论主要阐述了工业事故发生的因果连锁论与他关于在生产安全问题中人与物的关系、事故发生频率与伤害严重度之间的关系、不安全行为的原因等工业安全中最基本的问题一起,曾被称作"工业安全公理"(axioms of industrial safety),受到世界上许多国家的安全工作学者的赞同。

但是,海因里希事故因果连锁理论也和事故频发倾向理论一样,把大多数工业事故的责任都归因于人的不安全行为,表现出时代的局限性。

海因里希曾经调查了美国的 75 000 起工业伤害事故,发现 98% 的事故是可以预防的,只有 2% 的事故超出人的能力能够达到的范围,是不可预防的。在可预防的工业事故中,以人的不安全行为为主要原因的事故占 88%,以物的不安全状态为主要原因的事故占 10%。海因里希认为事故的主要是由人的不安全行为或者物的不安全状态造成的,但是二者为孤立原因,没有一起事故是由人的不安全行为及物的不安全状态共同引起的。因此,研究结论是:几乎所有的工业伤害事故都是由人的不安全行为造成的。后来,这种观点受到了许多研究人员的批判。

2. 现代事故因果连锁理论

与早期的事故频发倾向、海因里希事故因果连锁等理论强调人的性格、遗传特征等不同，"二战"后，人们逐渐认识到管理因素作为背后原因在事故致因中的重要作用。人的不安全行为或物的不安全状态是工业事故的直接原因，必须加以追究。但是，它们只不过是其背后的深层原因的征兆和管理缺陷的反映。只有找出深层的、背后的原因，改进企业管理，才能有效地防止事故发生。

弗兰克·博德（Frank Bird）在海因里希事故因果连锁理论的基础上，提出了现代事故因果连锁理论，如图 1 - 3 所示：

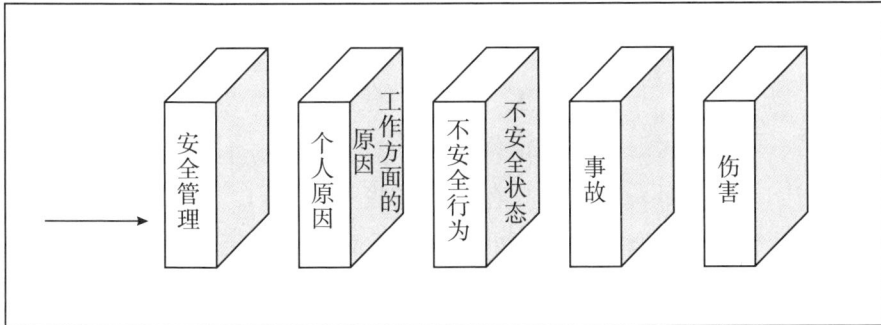

图 1 - 3　现代事故因果连锁理论

博德的现代事故因果连锁理论主要观点包括以下五个方面。

（1）控制不足—管理。

事故因果连锁中一个最重要的因素是安全管理。安全管理人员应该充分认识到，他们的工作要以得到广泛承认的企业管理原则为基础，即安全管理者应该懂得管理的基本理论和原则。控制是管理机能（计划、组织、指导、协调及控制）中的一种机能。安全管理中的控制是指损失控制，包括对人的不安全行为和物的不安全状态的控制。它是安全管理工作的核心。

大多数工业企业中，由于各种原因，完全依靠工程技术上的改进来预防事故既不经济，也不现实。只有通过提高安全管理工作水平，经过较长时间的努力，才能防止事故的发生。管理者必须认识到只要生产没有实现高度安全化，就有发生事故及伤害的可能性，因而他们的安全活动中必须包含有针对事故因果连锁中所有因素的控制对策。

在安全管理中，企业领导者的安全方针、政策及决策占有十分重要的位置。它们包括生产及安全的目标，职员的配备，资料的利用，责任及职权范围的划分，职工的选择、训练、安排、指导及监督，信息传递，设备器材及装置的采购、维修及设计，正常及异常时的操作规程，设备的维修保养，等等。

管理系统是随着生产的发展而不断发展完善的，十全十美的管理系统并不存在。但由于管理上的欠缺，有可能导致引发事故的原因出现。

（2）基本原因—起源论。

为了从根本上预防事故，必须查明事故的基本原因，并针对查明的基本原因采取对策。基本原因包括个人原因及工作方面的原因。个人原因包括缺乏知识或技能、动机不正确、身体上或精神上的问题等。工作方面的原因包括操作流程不合理，设备、材料不合格，通常的磨损及异常的使用方法等，以及温度、压力、湿度、粉尘、有毒有害气体、蒸汽、通风、噪声、照明、周围的状况（容易滑倒的地面、障碍物、不可靠的支持物、有危险的物体等）等环境因素。只有找出这些基本原因，才能有效地预防事故的发生。起源论强调找出问题的基本的、背后的原因，而不应仅停留在表面的现象上。只有这样，才能实现有效的控制。

（3）直接原因—征兆。

不安全行为和不安全状态是事故发生的直接原因，这点是最重要的，必须加以追究。但是，直接原因不过是基本原因的征兆，是一种表面现象。一方面，在实际工作中，如果只抓住作为表面现象的直接原因而不追究其背后隐藏的深层原因，就永远不能从根本上杜绝事故的发生。另一方面，安全管理人员应该能够预测及发现这些作为管理欠缺的征兆的直接原因，采取恰当的改善措施；同时，为了在经济上及实际可能的情况下采取长期的控制对策，必须努力找出其基本原因。

（4）事故—接触。

从实用的目的出发，事故往往被定义为最终导致人员肉体损伤和死亡、财产损失的不希望的事件。但是，越来越多的学者从能量的观点把事故看作是人的身体或构筑物、设备与超过其阈值的能量的接触，或人体与妨碍正常活动的物质的接触。于是，防止事故就是防止接触。为了防止接触，可以通过改进装置、材料及设施，防止能量释放，开展训练提高工人识别危险的能力，佩戴个人保护用品等途径来实现。

（5）受伤—损坏—损失。

博德现代事故因果连锁理论中的伤害包括了工伤、职业病以及对人员精神方面、神经方面或全身性的不利影响。人员伤害及财物损坏统称为损失。

在许多情况下，可以采取恰当的措施使事故造成的损失最大限度地减少。如对受伤人员迅速抢救，对设备进行抢修以及平日对人员进行应急训练等。

此外，爱德华·亚当斯（Edward Adams）也提出了与博德现代事故因果连锁理论类似的理论，他把事故的直接原因、人的不安全行为及物的不安全状态称作现场失误。本来，不安全行为和不安全状态是操作者在生产过程中的错误行为及生产条件方面的问题。采用"现场失误"这一术语，其主要目的在于提醒人们注意不安全行为及不安全状态。

该理论的核心在于对现场失误的背后原因进行深入的研究。操作者的不安全行为及生产作业中的不安全状态等现场失误是由于企业领导者及安全工作人员的管理失误造成的。管理人员在管理工作中的差错或疏忽、企业领导人决策错误或没有做出决策等失误对企业经营管理及安全工作具有决定性的影响。管理失误反映企业管理系统中的问题，它涉及管理体制，即如何有组织地进行管理工作，确定怎样的管理目标，如何计划、实现确定的目标等方面的问题。管理体制反映作为决策中心的领导人的信念、目标及规范，决定着各级管理人员安排工作的轻重缓急、工作基准及指导方针等重大问题。

现代事故因果连锁理论把考察的范围局限在企业内部，用以指导企业的安全工作。实际上，工业伤害事故发生的原因是很复杂的，一个国家、地区的政治、经济、文化、科技发展水平等诸多社会因素，对伤害事故的发生和预防有着重要的影响。当然，作为基础的原因因素的解决，已经超出了企业安全工作，甚至安全学科的研究范围。但是，充分认识这些原因、因素，综合利用可能的科学技术、管理手段，改善间接原因、因素，达到预防伤害事故的目的，是非常重要的。

（三）能量意外释放理论

1. 能量意外释放理论概述

（1）能量意外释放理论的提出。

近代工业起源于将燃料的化学能转变为热能，并以水为介质转变为蒸汽，将蒸汽的热能再变为机械能输送到生产现场，这就是蒸汽机动力系统的能量转换过程。电气时代是将水的势能或蒸汽的动能转换为电能，在生产现场再将电能转变为机械能进行产品的制造加工或资源开采。核电站是用核能即原子能转变为电能……输送到生产现场的能量，依生产的目的和手段不同，可以相互转变为各种能量形式——势能、动能、热能、化学能、电能、原子能、辐射能、声能、生物能等，用以做功，构成生产过程。

1961 年吉布森（Gibson）提出了事故是一种不正常的或不希望的能量释放，意外释放的、各种形式的能量是构成伤害的直接原因。因此，应该通过控制能量，或控制作为能量达及人体媒介的能量载体来预防伤害事故。

在吉布森的研究基础上，1966 年美国运输部安全局局长哈登（Haddon）完善了能量意外释放理论，认为"人受伤害的原因只能是某种能量的转移"。并提出了能量逆流于人体造成伤害的分类方法，将伤害分为两类：第一类伤害是由于施加了局部或全身性损伤阈值的能量引起的；第二类伤害是由于影响了局部或全身性能量交换引起的，主要指中毒、窒息和冻伤。

哈登认为，在一定条件下，某种形式的能量能否产生伤害造成人员伤亡事故，取决于能量大小、接触能量时间的长短和频率以及力的集中程度。根据能量意外释放理论，可以利用各种屏蔽来防止意外的能量转移，从而防止事故的发生。能量意外释放理论机制见图 1 - 4：

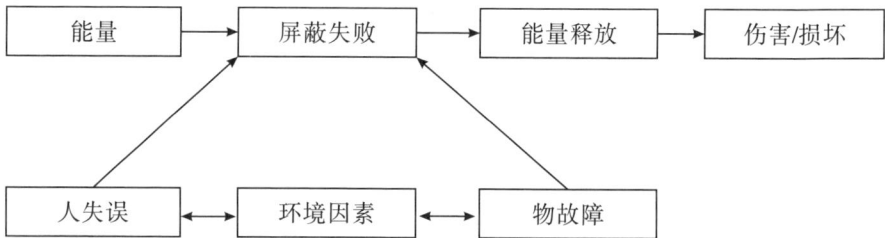

图 1 - 4　能量意外释放理论示意图

（2）事故致因和表现。

①事故致因。

能量在生产过程中是不可缺少的，人类利用能量做功以实现生产目的。人类为了利用能量做功，必须控制能量。在正常生产过程中，能量受到种种约束和限制，按照人们的意志流动、转换和做功。如果由于某种原因，能量失去了控制，超越了人们设置的约束或限制而意外地逸出或释放，必然造成事故。

如果失去控制的、意外释放的能量达及人体，并且能量的作用超过了人们的承受能力，人体必将受到伤害。根据能量意外释放理论，伤害事故发生的原因是：

A. 接触了超过机体组织（或结构）抵抗力的某种形式的过量的能量。

B. 有机体与周围环境的正常能量交换受到了干扰（如窒息、淹溺等）。

因而，各种形式的能量是构成伤害的直接原因。同时，该理论也主张通过控制能量，或控制达及人体媒介的能量载体来预防伤害事故的发生。

②能量转移造成事故的表现。

机械能、电能、热能、化学能、电离及非电离辐射、声能和生物能等形式的能量，都可能导致人员伤害。其中前四种形式的能量引起的伤害最为常见。

意外释放的机械能是造成工业伤害事故发生的主要能量形式。处于高处的人员或物体具有较高的势能，当人员具有的势能意外释放时，将发生坠落或跌落事故；当物体具有的势能意外释放时，将发生物体打击等事故。除了势能外，动能是另一种形式的机械能，各种运输车辆和各种机械设备的运动部分都具有较大的动能，工作人员一旦与之接触，将发生车辆伤害或机械伤害事故。

工业生产中广泛利用电能，当人们意外地接近或接触带电体时，可能发生触电事故而受到伤害。

工业生产中广泛利用热能，生产中利用的电能、机械能或化学能可以转变为热能，可燃物在燃烧时释放出大量的热能，人体在热能的作用下，可能遭受烧灼或发生烫伤。

有毒有害的化学物质使人员中毒，是化学能引起的典型伤害事故。

研究表明，人体对每一种形式能量的作用都有一定的抵抗能力，或者说有一定的伤害阈值。当人体与某种形式的能量接触时，能否产生伤害及伤害的严重程度如何，主要取决于作用于人体的能量的大小。作用于人体的能量越大，造成严重伤害的可能性越大。例如，球形弹丸以 4.9 N 的冲击力打击人体时，只能轻微地擦伤皮肤；重物以 68.6 N 的冲击力打击人的头部时，会造成头骨骨折。此外，人体接触能量的时间长短和频率、能量的集中程度以及身体接触能量的部位等，也会影响人员受伤害程度。

2. 事故防范对策

从能量意外释放理论出发，预防伤害事故发生就是防止能量或危险物质的意外释放，防止人体与过量的能量或危险物质接触。

哈登认为，预防能量转移于人体的安全措施中可用的有屏蔽防护系统。约束限制能量，防止人体与能量接触的措施称为屏蔽，这是一种广义的屏蔽。同时，他指出，屏蔽设置得越早，效果越好。按能量大小可建立单一屏蔽或多重的冗余屏蔽。

在工业生产中经常采用的防止能量意外释放的屏蔽措施主要有下列11 种：

（1）用安全的能源代替不安全的能源。有时被利用的能源危险性较高，这时可考虑用较安全的能源取代。例如，在容易发生触电的作业场所，用压缩空气动力代替电力，可以防止发生触电事故，还有用水力采煤代替火药爆破等。但是应该看到，绝对安全的事物是没有的，以压缩空气作动力虽然避免了触电事故，但压缩空气管路破裂、脱落的软管抽打等都带来了新的危害。

（2）限制能量。即限制能量的大小和速度，规定安全极限量，在生产工艺中尽量采用低能量的工艺或设备，这样，即使发生了意外的能量释放，也不致发生严重伤害。例如，利用低电压设备防止电击，限制设备运转速度以防止机械伤害，限制露天爆破装药量以防止个别飞石伤人，等等。

（3）防止能量蓄积。能量的大量蓄积会导致能量突然释放，因此，要及时释放多余能量，防止能量蓄积。例如，应用低高度位能，控制爆炸性气体浓度，通过接地消除静电蓄积，利用避雷针放电保护重要设施，等等。

（4）控制能量释放。如建立水闸墙防止高势能地下水突然涌出。

（5）延缓释放能量。缓慢地释放能量可以降低单位时间内释放的能量，减轻能量对人体的作用。例如，采用安全阀、逸出阀控制高压气体；用各种减振装置吸收冲击能量，防止人员受到伤害，等等。

（6）开辟释放能量的渠道。如安全接地可以防止触电。

（7）设置屏蔽设施。屏蔽设施是一些防止人员与能量接触的物理实体，即狭义的屏蔽。屏蔽设施可以被设置在能源上，例如，安装在机械转动部分外面的防护罩；也可以被设置在人员与能源之间，例如，安全围栏等。人员佩戴的个体防护用品，可被看作是设置在人员身上的屏蔽设施。

（8）在人、物与能源之间设置屏障，在时间或空间上把能量与人隔离。在生产过程中有两种或两种以上的能量相互作用引起事故的情况，例如，一台吊车移动的机械能作用于化工装置，使化工装置破裂，导致有毒物质泄漏，引起人员中毒。针对两种能量相互作用的情况，应该考虑设置两组屏蔽设施：一组设置于两种能量之间，防止能量间的相互作用；一组设置于能量与人之间，防止能量达及人体，如防火门、防火密闭等。

（9）提高防护标准。如采用双重绝缘工具防止高压电能触电事故；增强对伤害的抵抗能力，如穿戴耐高温、耐高寒、高强度材料制作的个体防护用具等。

（10）改变工艺流程。如改变不安全流程为安全流程；用无毒、少毒物质代替剧毒、有害物质等。

（11）修复或急救。治疗、矫正以减轻伤害程度或恢复原有功能；做好紧急救护；进行自救教育；限制灾害范围，防止事态扩大；等等。

（四）轨迹交叉理论

1. 轨迹交叉理论的提出

随着生产技术的提高以及事故致因理论的发展完善，人们对人和物两种因素在事故致因中地位的认识发生了很大变化。一方面是在生产技术进步的同时，生产装置、生产条件不安全的问题越来越引起人们的重视；另一方面是人们对人的因素研究的深入，能够正确地区分人的不安全行为和物的不安全状态。

约翰逊（W. G. Johnson）认为，判断到底是不安全行为还是不安全状态，受研究者主观因素的影响，取决于其认识问题的深刻程度，许多人由于缺乏有关失误方面的知识，把由人失误造成的不安全状态看作是不安全行为。一起伤亡事故的发生，除了人的不安全行为之外，一定存在着某种不安全状态，并且不安全状态对事故发生的作用更大些。

斯奇巴（Skiba）提出，生产操作人员与机械设备两种因素都对事故的发生产生影响，并且机械设备的危险状态对事故的发生作用更大些，只有当两种因素同时出现，才能发生事故。

上述理论被称为轨迹交叉理论，该理论主要观点是：在事故发展进程中，人的因素运动轨迹与物的因素运动轨迹的交点就是事故发生的时间和空间，即人的不安全行为和物的不安全状态发生于同一时间、同一空间，或者说当人的不安全行为与物的不安全状态相通，则将在此时间、空间发生事故。

轨迹交叉理论作为一种事故致因理论，强调人的因素和物的因素在事故致因中占有同样重要的地位。按照该理论，可以通过避免人与物两种因素运动轨迹交叉，即避免人的不安全行为和物的不安全状态同时、同地出现，来预防事故的发生。

2. 轨迹交叉理论作用原理

轨迹交叉理论将事故的发生发展过程描述为：基本原因—间接原因—直接原因—事故—伤害。从事故发展运动的角度，这样的过程被形容为事故致因因素导致事故的运动轨迹，具体包括人的因素运动轨迹和物的因素运动轨迹。

（1）人的因素运动轨迹。

人的不安全行为基于生理、心理、环境、行为等方面而产生。

①生理、先天身心缺陷。

②社会环境、企业管理上的缺陷。

③后天的心理缺陷。

④视、听、嗅、味、触等感官能量分配上的差异。

⑤行为失误。

（2）物的因素运动轨迹。

在物的因素运动轨迹中，在生产过程各阶段都可能产生不安全状态。

①设计上的缺陷，如用材不当、强度计算错误、结构完整性差等。

②制造、工艺流程上的缺陷。

③维修保养上的缺陷，降低了可靠性。

④使用上的缺陷。

⑤作业场所环境上的缺陷。

在生产过程中，人的因素运动轨迹按（1）中的①→②→③→④→⑤的顺序进行，物的因素运动轨迹按（2）中的①→②→③→④→⑤的顺序进行，人、物两条轨迹相交的时间与地点，就是发生伤亡事故的"时空"，也就导致了事故的发生。

值得注意的是，许多情况下人与物又互为因果。例如，有时物的不安全状态诱发了人的不安全行为，而人的不安全行为又促进了物的不安全状态的发展，或导致新的不安全状态出现。因而，实际的事故并非简单地按照上述的人、物两条轨迹进行，而是呈现非常复杂的因果关系。

若设法排除机械设备或处理危险物质过程中的隐患，或者消除人为失误和不安全行为，使两事件链连锁中断，则两系列运动轨迹不能相交，危险就不会出现，就可避免事故发生。

对人的因素而言，强调工种考核，加强安全教育和技术培训，进行科学的安全管理，从生理、心理和操作管理上控制人的不安全行为的产生，就等于砍断了事故产生的人的因素轨迹。但是，对自由度很大且身心性格气质差异较大的人是难以控制的，偶然失误很难避免。

在多数情况下，由于企业管理不善，使工人缺乏教育和训练或者机械设备缺乏维护、检修以及安全装置不完备，导致了人的不安全行为或物的不安全状态。

轨迹交叉理论突出强调的是砍断物的事件链，提倡采用可靠性高、结构完整性强的系统和设备，大力推广保险系统、防护系统和信号系统及高度自动化和遥控装置。这样，即使人为失误，构成①→⑤系列，也会因安全闭锁等可靠性高的安全系统的作用，控制住①→⑤系列的发展，可完全避免伤亡事故的发生。

一些领导和管理人员总是错误地把一切伤亡事故归咎于操作人员"违章作业"。实际上，人的不安全行为也是由于教育培训不足等管理欠缺造成的。管理的重点应放在控制物的不安全状态上，即消除"起因物"，这样就不会出现"施害物"，砍断物的因素运动轨迹，使人与物的因素运动轨迹不相交，事故即可避免。如图1-5所示。

实践证明，消除生产作业中物的不安全状态，可以大幅度地减少伤亡事故的发生。例如，美国铁路列车安装自动连接器之前，每年都有数百名铁路工人死于车辆连接作业事故中，铁路部门的负责人把事故的责任归咎于工人的错误或不注意。后来，铁路部门根据政府法令的要求，把所有铁路车辆都装上了自动连接器，车辆连接作业中的死亡事故也因此大大地减少。

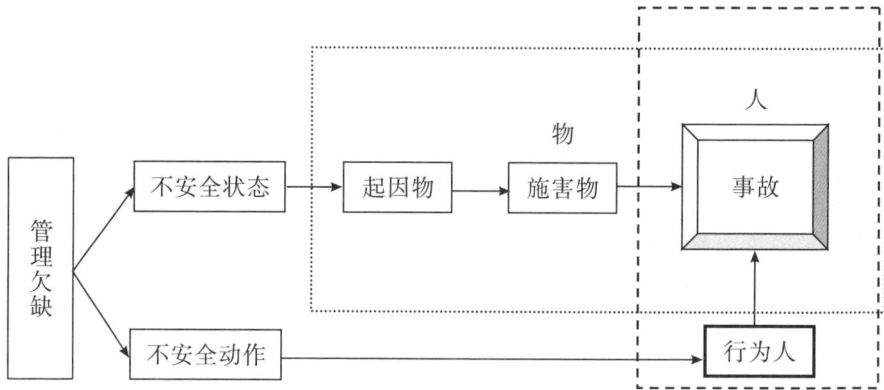

图 1-5　人与物两系列形成事故的系统

（五）系统安全理论

1. 系统安全理论的提出

20 世纪 50 年代以来，科学技术进步的一个显著特征是设备、工艺及产品越来越复杂。战略武器研制、宇宙开发及核电站建设等使得作为现代科学技术标志的大规模复杂系统相继问世，这些复杂的系统往往由数以千万计的元素组成，元素之间以非常复杂的关系相连接，在被研究制造或使用过程中往往涉及较高能量，系统中微小差错就会导致灾难性的事故，大规模复杂系统安全性问题受到了人们的关注。

人们在研制、开发、使用及维护这些大规模复杂系统的过程中，逐渐萌发了系统安全的基本思想。于是，在 20 世纪 50—60 年代美国研制洲际导弹的过程中，系统安全理论应运而生。导弹的推进剂是由气体加压到 $420 \ kg/cm^2$、温度低达 $-196 \ ℃$ 的低温液体，这种推进剂的化学性质非常活跃且有剧毒，其毒性远远超过第二次世界大战中使用的毒气的毒性，其爆炸性比烈性炸药更强烈，并且比工业中使用的腐蚀性化学物质更有腐蚀性。当时负责该项目的美国空军的官员们并没有认识到他们着手建造的导弹系统潜伏着巨大的危险。在洲际导弹试验开始的头一年半里就发生了四次爆炸，造成了惨重的损失。在此以前，美国空军曾发生过大量的飞行事故，空军官员们一般都把飞机失事归咎于飞行员们的操作失误。由于导弹上没有飞行员，现在不能再把造成导弹爆炸的责任推到飞行员身上了，这些事故纯粹是由于物的故障造成的，很明显，爆炸的原因应归咎于导弹设计、制造、维护、试验流程、发射构思等方面的问题。于是，美国开始了系统安全理论的研究。起初，没有可以用来解决这些复杂系统安全性的方法。为此，人们做了许多工作，研究开发防止系统事故的新概念和新方法，在保留工业安全原有的正确概念和方法的前提下，吸收其他领域的科学技术和管理方法，形成了系统安全理论。

所谓系统安全（system safety），是指在系统寿命周期内应用系统安全管理及系统安全工程原理，识别危险源并使其危险性降至最低，从而使系统在规定的性能、时间和成本范围内达到最佳的安全程度。系统安全的基本原则是在一个新系统的构思阶段就必须考虑其安全性的问题，制订并开始执行安全工作规划——系统安全活动，并且把系统安全活动贯穿于系统寿命周期，直到系统报废为止。

2. 系统安全理论的主要观点

系统安全理论包括很多区别于传统安全理论的创新概念。

（1）在事故致因理论方面，改变了人们只注重操作人员的不安全行为而忽略硬件的故障在事故致因中所起的作用的传统观念，开始考虑如何通过改善物的系统的可靠性来提高复杂系统的安全性，从而避免事故的发生。

（2）没有任何一种事物是绝对安全的，任何事物中都潜伏着危险因素。通常所说的安全或危险只不过是一种主观的判断。能够造成事故的潜在危险因素称作危险源，来自某种危险源的造成人员伤害或物质损失的可能性叫作危险。危险源是一些可能出问题的事物或环境因素，而危险表征潜在的危险源造成伤害或损失的机会，可以用概率来衡量。

（3）不可能根除一切危险源和危险，可以减少来自现有危险源的危险性，应减少总的危险性而不是只消除几种选定的危险。

（4）由于人的认识能力有限，有时不能完全认识危险源和危险，即使认识了现有的危险源，随着生产技术的发展，新技术、新工艺、新材料和新能源的出现，又会产生新的危险源。由于受技术、资金、劳动力等因素的限制，对于认识了的危险源也不可能完全根除。由于不能全部根除危险源，只能把危险降低到可接受的程度，即可接受的危险。安全工作的目标就是控制危险源，努力把事故发生概率降到最低，万一发生事故，把伤害和损失控制在较轻的程度上。

3. 系统安全中的人失误

作为系统安全应用对象的导弹系统、武器系统，是一些由机械、电子零部件组成的硬件系统，当把系统安全推广到核电站等包括人在内的系统时，就又遇到了人的因素问题。人作为一种系统元素，发挥功能时会发生失误（error）。与以往工业安全的术语"人的不安全行为"不同，系统安全中采用术语"人失误"（human error）。

里格比（Rigby）认为，人失误是人的行为的结果超出了系统的某种可接受的限度。换言之，人失误是指人在生产操作过程中实际实现的功能与被要求的功能之间的偏差，其结果可能以某种形式给系统带来不良影响。

人失误产生的原因包括两方面：一是由于工作条件设计不当，即可接受的限度不合理引起的人失误；二是由于人员的不恰当行为造成人失误。除了生产操作过程中的人失误之外，还要考虑设计失误、制造失误、维修失误以及运输保管失误等，因而较以往工业安全中的"不安全行为"，人失误对人的因素涉及的内容更广泛、更深入。

20世纪70年代末的美国三里岛核电站事故曾引起一阵恐慌，特别是20世纪80年代印度的博帕尔农药厂的毒气泄漏事故和苏联的切尔诺贝利核电站事故等一些巨大的复杂系统的意外事故给人类带来了惨重的灾难。对这些事故的调查表明，人失误，特别是管理失误是造成事故的罪魁祸首。因而，当今世界范围内系统安全理论研究的一个重大课题，就是关于人失误的研究。

4. 系统安全理论的推广应用

由美国空军开发研究的系统安全理论在空军应用之后，又推广到美国陆军和海军。

1969年美国陆军颁发了 MIL – STD – 882 标准，详细规定了武器系统研究、开发、生产制造及使用维护的系统安全标准。此后，系统安全进入航天、航空及核电站等领域。拉氏姆逊（J. Rasmussen）等人在没有核电站事故先例的情况下，应用概率风险评价（probabilistic risk assessment）技术对核电站做了定量的安全性评价。1975年美国原子能委员会发表了 WASH – 1400 报告①，轰动世界。

系统安全理论主要用于新开发的系统，对即将建设的系统进行危害分析（hazard analysis）、概率危险评价等一系列的系统安全工作。对于已经建成并正在运行的生产系统，管理方面的疏忽和失误是事故的主要原因。约翰逊（W. C. Johnson）等人很早就注意了这个问题，并创建了管理疏忽与风险树（Management Oversight and Risk Tree，MORT）理论。

约翰逊把美国工业安全中许多行之有效的管理方法，如事故判定技术、标准化作业、作业安全分析（job safety analysis）以及人的因素分析等纳入管理疏忽与风险树理论中，同时又提出了许多新的安全概念。

约翰逊发展了吉布森等人提倡的能量意外释放论，把变化的观点引进到安全管理中，认为任何事物都在变化之中，管理者应及时发现已经发生的变化并采取相应的措施以适应这些变化。如果不能及时地适应这些变化，则将发生管理失误。企业中各阶层的人员都有可能因不能适应变化而失误。因而，事故是不希望的能量被意外释放，其结果造成人员的伤亡及财产的损失。事故的发生是由于计划错误、操作失误，没有适应生产过程中人或物的因素的变化而导致不安全行为或不安全状态，使得对能量的屏蔽或控制不足。因此，人们要注意追踪能量流动，注意能量间的相互作用，建立能量屏蔽及控制能量。

三、我国安全管理方法的发展阶段

在不同的阶段，我国安全管理也有着不同的管理方法，具体可以划分为三个阶段。

（一）通过调查分析事故，杜绝类似事故反复发生

1975 年，国务院下发《关于转发全国安全生产会议纪要的通知》明确提出"三不放过"，即事故原因分析不清不放过，事故责任者和群众没有受到教育不放过，没有防范措施不放过。2004 年 2 月，国务院办公厅《关于加强安全工作的紧急通知》（国办发明电〔2004〕7 号）提出"四不放

---

① WASH - 1400 是美国原子能委员会 1975 年发表的《核电站风险报告》，用了 70 人/年的工作量，耗资 300 万美元，相当于建造一座 1 000 兆瓦核电站投资的 1%。

过"，即对责任不落实，发生重特大事故的，事故原因未查清不放过、责任人员未处理不放过、有关人员未受到教育不放过、整改措施未落实不放过。

具体来讲，"四不放过"包含以下4层含义。

第一层含义是要求在调查处理伤亡事故时，首先要把事故原因分析清楚，找出导致事故发生的真正原因，不能敷衍了事，不能在尚未找到事故主要原因时就轻易下结论，也不能把次要原因当成真正原因，未找到真正原因决不轻易放过，直至找到事故发生的真正原因，并搞清各因素之间的因果关系才算达到事故原因分析的目的。

第二层含义是安全事故责任追究制的具体体现，对事故责任者要严格按照有关法律、法规的规定和安全事故责任追究规定进行严肃处理。

第三层含义是要求在调查处理工伤事故时，不能认为原因分析清楚了、有关人员也处理了就算完成任务，还必须使事故责任者和广大群众了解事故发生的原因及所造成的危害，并深刻认识到搞好安全生产的重要性，使大家从事故中吸取教训，在今后工作中更加重视安全生产工作。

第四层含义是要求必须针对事故发生的原因，在对安全生产事故进行严肃认真调查处理的同时，还要提出防止相同或类似事故发生的切实可行的预防措施，并督促事故发生单位加以实施。

（二）通过排查治理隐患，避免事故发生

虽然坚持"四不放过"原则调查和处理事故，能够总结事故经验教训，避免类似事故重复发生，对生产经营单位安全管理水平提升起到很大的作用，但管理提升到一定水平，安全指标提升到一定程度，继续提升就很难了，需要进行理论创新。很多学者在考虑，不要总等着事故发生后再吸取教训，能不能通过一种方法和手段，让事故不发生或者少发生。通过研究发现，事故的发生都是由很多隐患导致的，如某作业地点经常可燃气体浓度超限，又同时出现点火源，就会导致火灾、爆炸事故的发生。政府、研究机构及生产经营单位经过共同努力和探索，提出了对事故隐患的排查和治理策略。

在新的安全生产形势下"要狠抓事故隐患的排查整治和监控，加大安全投入，强化安全基础，确保安全生产措施落实到企业生产经营的各个环节"的思路应运而生。2007年5月，国务院办公厅下发《关于在重点行业和领域开展安全生产隐患排查治理专项行动的通知》（国办发明电〔2007〕

16 号），要求在重点行业和领域开展安全生产隐患排查治理专项行动。2007 年 12 月，原国家安全生产监督管理总局发布《安全生产事故隐患排查治理暂行规定》（国家安监总局令第 16 号）。该规定分总则、生产经营单位的职责、监督管理、罚则、附则共计 32 条，自 2008 年 2 月 1 日起施行。随着各项配套措施不断完善，安全管理的重心从避免类似事故的再三发生前移到发生事故之前，即进行对隐患的排查和治理，安全管理的关口得到前移。

（三）通过安全风险分级管控，减少隐患的形成

虽然事故隐患排查治理能够有效控制事故的发生，但是很多组织和学者仍在研究：能不能不要等隐患发生了再去排查和治理，能不能通过一种方法提前识别，超前采取措施，让隐患不出现或者少出现。在这种思路的指引下，提出了风险管控的思想。2005 年，原国家煤矿安全监察局、神华集团有限责任公司组织国内外 6 家科研单位，立项研究如何对风险进行超前预控。在理论研究取得一定成果后，于 2007 年在神华神东煤炭集团有限责任公司的上湾煤矿和徐州矿务集团有限公司的权台煤矿进行试点，都取得了较满意的成果，随后原国家煤矿安全监察局在全国煤炭系统中进行了推广。2012 年，国务院在神华宁夏煤业集团有限责任公司召开现场会，在全国煤炭行业推广神华集团"五个一"先进安全生产工作经验，其中就包括建立一套安全生产风险预控管理体系。

2016 年，习近平总书记在中央政治局常委会会议上提出，要在易发重特大事故的行业领域，建立起安全风险分级管控和事故隐患排查治理双重预防性工作机制，推动安全管理关口进一步前移。这标志着，对全国各高危行业首次提出了风险预控管理要求。随后，各高危行业根据行业特点进行了研究。安全风险分级管控是一种对风险超前管控的思想，通过工作前识别工作过程中存在或潜在的风险，制定并执行预控措施，预防事故隐患的形成，因此安全风险分级管控体现了超前防范，使生产经营单位的安全管理的关口得到进一步前移。

第三节　双重预防机制基本要求

一、双重预防工作机制的提出

2015 年 12 月 24 日，中共中央总书记、国家主席、中央军委主席习近平在十八届中央政治局常委会第 127 次会议上发表重要讲话，对全面加强安全生产工作提出"五点要求"：

一是必须坚定不移保障安全发展，狠抓安全生产责任制落实。要强化"党政同责、一岗双责、失职追责"，坚持以人为本、以民为本。

二是必须深化改革创新，加强和改进安全监管工作，强化开发区、工业园区、港区等功能区的安全监管，举一反三，在标准制定、体制机制上认真考虑如何改革和完善。

三是必须强化依法治理，用法治思维和法治手段解决安全生产问题，加快安全生产相关法律法规的制定修订，加强安全生产监管执法，强化基层监管力量，着力提高安全生产法治化水平。

四是必须坚决遏制重特大事故频发势头，对易发重特大事故的行业领域采取风险分级管控、隐患排查治理双重预防性工作机制，推动安全生产关口前移，加强应急救援工作，最大限度减少人员伤亡和财产损失。

五是必须加强基础建设，提升安全保障能力，针对城市建设、危旧房屋、玻璃幕墙、渣土堆场、尾矿库、燃气管线、地下管廊等存在重点隐患和煤矿、非煤矿山、危化品、烟花爆竹、交通运输等重点行业以及游乐、"跨年夜"等大型群众性活动，坚决做好安全防范，特别是要严防踩踏事故发生。

双重预防工作机制是一个崭新的工作思路，是对安全生产规律认识的一次飞跃，是对国内外安全生产治理实践的重要经验总结，是安全生产理论的重大创新。该机制抓住了安全生产问题的关键，蕴含着鲜明的以问题导向为目标的、解决问题的高超手段和技巧。

双重预防工作机制纳入国家安全生产工作要点。要求深入分析容易发生重特大事故的行业领域及关键环节，在矿山、危险化学品、道路和水上交通、建筑施工、铁路及高铁、城市轨道、民航、港口、油气输送管道、劳动密集型企业和人员密集场所等高风险行业领域，推行风险等级管控、隐患排查治理双重预防工作机制，充分发挥安防工程、防控技术和管理制度的综合作用，构建两道防线。

2016 年 1 月，全国安全生产工作会议在北京召开。会议强调在整体推进安全生产工作的同时，对构建双重预防工作机制做出部署，提出要求。

2016 年春节刚过，国务院安全生产委员会办公室就成立了遏制重特大事故发生工作专责小组，分析了 2001 年以来全国 1 300 多起重特大事故，通过重点研究，刨根问底，深挖细查，一张事故图谱逐渐清晰。

2016 年 3 月 20 日，原国家安全生产监督管理总局在山东济南召开遏制重特大事故工作座谈会。从把握重特大事故规律特点、全面加强源头治理、健全双重预防性工作机制、研发推广先进技术装备、惩治违法违规行为、实施生命防护重点工程等方面，坚持目标导向和问题导向相统一，立足国内和全球视野相统筹，全面规划和突出重点相协调，战略性和操作性相结合。

二、双重预防工作机制的政策要求

安全生产是关系人民群众生命财产安全的大事，是经济社会协调健康发展的标志，是党和政府对人民利益高度负责的要求。

（一）《标本兼治遏制重特大事故工作指南》

2016 年 4 月，国务院安全生产委员会办公室发布《标本兼治遏制重特大事故工作指南》（安委办〔2016〕3 号），从六个方面部署了 20 项重大举措。构建双重预防工作机制被视为基础性、关键性、战略性举措之一。

着力构建双重预防工作机制主要包括以下四项工作：

一是健全安全风险评估分级和事故隐患排查分级标准体系。根据存在的主要风险隐患可能导致的后果并结合本地区、本行业领域实际，研究制定区域性、行业性安全风险和事故隐患辨识、评估、分级标准，为开展安全风险分级管控和事故隐患排查治理提供依据。

二是全面排查评定安全风险和事故隐患等级。在深入总结分析重特大事故发生规律、特点和趋势的基础上，每年排查评估本地区的重点行业领域、重点部位、重点环节，依据相应标准，分别确定安全风险"红、橙、黄、蓝"（红色为安全风险最高级）四个等级，分别确定事故隐患为重大隐患和一般隐患，并建立安全风险和事故隐患数据库，绘制省、市、县以及企业安全风险等级和重大事故隐患分布电子图，切实解决"想不到、管不到"的问题。

三是建立实行安全风险分级管控机制。按照"分区域、分级别、网格化"原则，实施安全风险差异化动态管理，明确落实每一处重大安全风险和重大危险源的安全管理与监管责任，强化风险管控技术、制度、管理措施，把可能导致的后果限制在可防、可控范围之内。健全安全风险公告警示和重大安全风险预警机制，定期对红色、橙色安全风险进行分析、评估、预警。落实企业安全风险分级管控岗位责任，建立企业安全风险公告、岗位安全风险确认和安全操作"明白卡"制度。

四是实施事故隐患排查治理闭环管理。推进企业安全生产标准化和隐患排查治理体系建设，建立自查、自改、自报事故隐患的排查治理信息系统，建设政府部门信息化、数字化、智能化事故隐患排查治理网络管理平台并与企业互联互通，实现隐患排查、登记、评估、报告、监控、治理、销账的全过程记录和闭环管理。

（二）《关于实施遏制重特大事故工作指南构建双重预防机制的意见》

2016年10月9日，国务院安全生产委员会办公室发布《关于实施遏制重特大事故工作指南构建双重预防机制的意见》（安委办〔2016〕11号）。这份文件是对事故规律的科学总结，对各地经验的总结固化，对事故教训的深刻吸取。意见主要内容如下：

（1）全面开展安全风险辨识。各地区要指导推动各类企业按照有关制度和规范，针对本企业类型和特点，制定科学的安全风险辨识程序和方法，全面开展安全风险辨识。企业要组织专家和全体员工，采取安全绩效奖惩等有效措施，全方位、全过程辨识生产工艺、设备设施、作业环境、人员行为和管理体系等方面存在的安全风险，做到系统、全面、无遗漏，并持续更新完善。

（2）科学评定安全风险等级。企业要对辨识出的安全风险进行分类梳理，参照国家《企业职工伤亡事故分类标准》（GB 6441-86），综合考虑起因物、引起事故的诱导性原因、致害物、伤害方式等，确定安全风险类别。对不同类别的安全风险，采用相应的风险评估方法确定安全风险等级。安全风险评估过程要突出遏制重特大事故发生，高度关注暴露人群，聚焦重大危险源、劳动密集型场所、高危作业工序和受影响的人群规模。安全风险等级从高到低划分为重大风险、较大风险、一般风险和低风险，分别用红、橙、黄、蓝四种颜色标示。其中，重大安全风险应填写清单、汇总造册，按照职责范围报告属地负有安全生产监督管理职责的部门。要依据安全风险类别和等级建立企业安全风险数据库，绘制企业"红、橙、黄、蓝"四色安全风险空间分布图。

（3）有效管控安全风险。企业要根据风险评估的结果，针对安全风险特点，从组织、制度、技术、应急等方面对安全风险进行有效管控。要通过隔离危险源、采取技术手段、实施个体防护、设置监控设施等措施，达到回避、降低和监测风险的目的。要对安全风险分级、分层、分类、分专业进行管理，逐一落实企业、车间、班组和岗位的管控责任，尤其要强化对重大危险源和存在重大安全风险的生产经营系统、生产区域、岗位的重点管控。企业要高度关注运营状况和危险源变化后的风险状况，动态评估、调整风险等级和管控措施，确保安全风险始终处于受控范围内。

（4）实施安全风险公告警示。企业要建立完善安全风险公告制度，并加强风险教育和技能培训，确保管理层和每名员工都掌握安全风险的基本情况及防范、应急措施。要在醒目位置和重点区域分别设置安全风险公告栏，制作岗位安全风险告知卡，标明主要安全风险、可能引发事故隐患类别、事故后果、管控措施、应急措施及报告方式等内容。对存在重大安全风险的工作场所和岗位，要设置明显警示标识，并强化危险源监测和预警。

（5）建立完善隐患排查治理体系。风险管控措施失效或弱化极易形成隐患，酿成事故。企业要建立完善隐患排查治理制度，制定符合企业实际的隐患排查治理清单，明确和细化隐患排查的事项、内容和频次，并将责任逐一分解落实，推动全员参与自主排查隐患，尤其要强化对存在重大风险的场所、环节、部位的隐患排查。要通过与政府部门互联互通的隐患排查治理信息系统，全过程记录报告隐患排查治理情况。对于排查发现的重大事故隐患，应当在向负有安全生产监督管理职责的部门报告的同时，制订并实施严格的隐患治理方案，做到责任、措施、资金、时限和预案"五落实"，实现隐患排查治理的闭环管理。事故隐患整治过程中无法保证安全的，应停产、停业或者停止使用相关设施设备，及时撤出相关作业人员，必要时向当地人民政府提出申请，配合疏散可能受到影响的周边人员。

（三）《关于推进安全生产领域改革发展的意见》

2016 年底，中共中央、国务院发布《关于推进安全生产领域改革发展的意见》（中发〔2016〕32 号），强调构建风险分级管控和隐患排查治理双重预防工作机制，严防风险演变、隐患升级导致生产安全事故发生，这一顶层设计推动了双重预防工作机制建设与其他重点工作相互融合，相互促进，相得益彰。

坚持源头防范，严格安全生产市场准入，把安全生产贯穿企业生产经营活动的全过程。强化安全风险管控，实行重大安全风险"一票否决"制。对重点行业、重点区域、重点企业实行风险预警控制，有效防范重特大生产安全事故。定期开展风险评估和危害辨识，针对高危工艺、设备、场所和岗位建立分级管控制度。

树立隐患就是事故的观念，制定生产安全事故隐患分级和排查治理标准，建立隐患治理监督机制和严格重大隐患挂牌督办制度，建立重大隐患治理情况向负有安全生产监督管理职责的部门和企业职代会"双报告"制度，实现隐患自查、自改、自报、闭环管理。

加强重点领域工程治理。深入推进对煤矿瓦斯、水害等重大灾害以及矿山采空区、尾矿库的工程治理。加快实施人口密集区域的危险化学品和化工企业生产、仓储场所安全搬迁工程。深化油气开采、输送、炼化、码头接卸等领域安全整治。实施高速公路、乡村公路和急弯陡坡、临水临崖危险路段公路安全生命防护工程建设。加强高速铁路、跨海大桥、海底隧道、铁路浮桥、航运枢纽、港口等防灾监测、安全检测及防护系统建设。完善长途客运车辆、旅游客车、危险物品运输车辆和船舶生产制造标准，提高安全性能，强制安装智能视频监控报警、防碰撞和整车整船安全运行监管技术装备，对已运行的交通运输工具要加快安全技术装备改造升级。

（四）《地方党政领导干部安全生产责任制规定》

2018 年 4 月，中共中央办公厅、国务院办公厅印发《地方党政领导干部安全生产责任制规定》，其中第六条第（五）项规定："严格安全准入标准，推动构建安全风险分级管控和隐患排查治理预防工作机制，按照分级属地管理原则明确本地区各类生产经营单位的安全生产监管部门，依法领导和组织生产安全事故应急救援、调查处理及信息公开工作。"将双重预防机制建设纳入地方各级党委主要负责人的安全生产职责之中。

（五）《中华人民共和国安全生产法（2021 年修订）》

2021 年 6 月 10 日，第十三届全国人民代表大会常务委员会第二十九次会议通过《关于修改〈中华人民共和国安全生产法〉的决定》，第一次将构建安全风险分级管控和隐患排查治理双重预防机制列入生产经营单位的安全生产职责之中，涉及的条款有四条：

　　第四条　生产经营单位必须遵守本法和其他有关安全生产的法律、法规，加强安全生产管理，建立健全全员安全生产责任制和安全生产规章制度，加大对安全生产资金、物资、技术、人员的投入保障力度，改善安全生产条件，加强安全生产标准化、信息化建设，构建安全风险分级管控和隐患排查治理双重预防机制，健全风险防范化解机制，提高安全生产水平，确保安全生产。

　　平台经济等新兴行业、领域的生产经营单位应当根据本行业、领域的特点，建立健全并落实全员安全生产责任制，加强从业人员安全生产教育和培训，履行本法和其他法律、法规规定的有关安全生产义务。

　　…………

　　第二十一条　生产经营单位的主要负责人对本单位安全生产工作负有下列职责：

　　（一）建立健全并落实本单位全员安全生产责任制，加强安全生产标准化建设；

　　（二）组织制定并实施本单位安全生产规章制度和操作规程；

　　（三）组织制订并实施本单位安全生产教育和培训计划；

　　（四）保证本单位安全生产投入的有效实施；

　　（五）组织建立并落实安全风险分级管控和隐患排查治理双重预防工作机制，督促、检查本单位的安全生产工作，及时消除生产安全事故隐患；

（六）组织制定并实施本单位的生产安全事故应急救援预案；

（七）及时、如实报告生产安全事故。

……………

第四十一条　生产经营单位应当建立安全风险分级管控制度，按照安全风险分级采取相应的管控措施。

生产经营单位应当建立健全并落实生产安全事故隐患排查治理制度，采取技术、管理措施，及时发现并消除事故隐患。事故隐患排查治理情况应当如实记录，并通过职工大会或者职工代表大会、信息公示栏等方式向从业人员通报。其中，重大事故隐患排查治理情况应当及时向负有安全生产监督管理职责的部门和职工大会或者职工代表大会报告。

县级以上地方各级人民政府负有安全生产监督管理职责的部门应当将重大事故隐患纳入相关信息系统，建立健全重大事故隐患治理督办制度，督促生产经营单位消除重大事故隐患。

……………

第一百零一条　生产经营单位有下列行为之一的，责令限期改正，处十万元以下的罚款；逾期未改正的，责令停产停业整顿，并处十万元以上二十万元以下的罚款，对其直接负责的主管人员和其他直接责任人员处二万元以上五万元以下的罚款；构成犯罪的，依照刑法有关规定追究刑事责任：

（一）生产、经营、运输、储存、使用危险物品或者处置废弃危险物品，未建立专门安全管理制度、未采取可靠的安全措施的；

（二）对重大危险源未登记建档，未进行定期检测、评估、监控，未制定应急预案，或者未告知应急措施的；

（三）进行爆破、吊装、动火、临时用电以及国务院应急管理部门会同国务院有关部门规定的其他危险作业，未安排专门人员进行现场安全管理的；

（四）未建立安全风险分级管控制度或者未按照安全风险分级采取相应管控措施的；

（五）未建立事故隐患排查治理制度，或者重大事故隐患排查治理情况未按照规定报告的。

第二章 广东省工业园区安全生产现状

第一节 广东省工业园区基本情况

一、工业园区简介

(一)工业园区的概念

工业园区具有改善区域整体布局和区域经济环境的功能,能够有效实现产业集聚,优化资源配置,提高区域经济发展综合实力。近年来,在国家及地区政策的支持下,各地兴起建设工业园区的热潮。

(二)工业园区的类型

由于工业园区的产业类别、管理模式等存在较大的差异,工业园区主要有以下分类方式:

1. **按形成方式分**

依据工业园区的形成方式,工业园区可划分为政府组织型与自我形成型两种类型。前者先建园区后引产业,后者先有产业后建园区,自我形成型的工业园区首先依据一定的资源条件自然形成产业集群区,集群达到一定规模后,受企业对高水平发展环境需求的影响,再由政府征地建设工业园区,吸引企业向园区集中。

2. **按经营方式分**

依据工业园区的经营模式,可以将工业园区划分为政府主导型、企业主导型、政府和市场联合型。

(1)政府主导型是指政府在工业园区的发展中发挥全方位的作用,政府规划、指导、控制、协调工业园区的发展。

（2）企业主导型是指由企业建设工业园区的基础设施、管理工业园区的运行。

（3）政府和市场联合型是指将政府力量与市场力量有机地结合起来推动工业园区的发展，既发挥政府的指导、调控作用，又发挥市场的灵活性、创造性。

3．按审批和主管单位等级分

根据建设项目审批部门和主管单位等级的不同，可以分为国家级工业园区，省（市）级、县级、乡（镇）级及其他工业园区。

（1）国家级工业园区统一由国务院批准建设，其产业结构、土地等资源合理规划与利用、经济统计等全部由中央政府统一管理。

（2）省（市）级、县级、乡（镇）级及其他工业园区是指由省（市）人民政府批准建设的工业园区，相关管理权限交由地方政府决策。等级越高的工业园区在区域发展中的作用越为重要，效益辐射范围更为广泛。

4．按主导产业分

根据主导产业的不同类型，可以分为生态工业园区和高新科技园区，其中，生态工业园区主要包括：由不同工业、行业、企业聚集而成的综合类工业园区；以某类工业、行业的一个或多个企业为核心，通过物质和能量的继承，在同类或相关行业、企业之间建立共生关系的行业类工业园区；以从事静脉产业（即资源再生利用产业）生产的企业为主体建设的静脉产业类工业园区。

高新科技园区是以智力密集和开放环境条件为依托，主要依靠国内的科技和经济实力，充分吸收和借鉴国外先进科技资源、资金和管理手段，通过实施高新技术产业的优惠政策和各项改革措施，实现软、硬环境的局部优化，最大限度地把科技成果转化为现实生产力而建立起来的集中区域。

5．按产业类型分

根据工业园区产业类型的特点，工业园区还可以分为劳动密集型工业园区和科技型工业园区。

（三）我国工业园区的发展阶段

依据我国工业园区发展的各个阶段体现出的"四态"——业态、形态、文态、生态的特征，我国工业园区可划分为"四代"工业园区。随着社会经济的发展，工业园区经历了由第一代向第四代发展的过程，这四代工业园区分别体现出不同的"四态"特征，在工业园区从低级向高级发展的过程中，"四态"水平都在不断提升。

1. 第一代工业园区

20世纪90年代，我国开始掀起了工业园区的建设热潮，为了推进改革开放、吸引外资、弥补资金不足的问题，全国各地都提出要兴办工业园区，但是由于工业园区的发展处于起步阶段，人们对工业园区的认识才初步形成，对于工业园区的发展认识不足，仅仅注重了工业园区的集中功能，而忽略了其他功能的发展。所以此时形成的大部分工业园区发展水平较为低下，为第一代工业园区。

第一代工业园区是发展水平最低的工业园区，这类工业园区往往具备以下特点：

（1）工业园区内的产业类型多样化，大多为技术含量低的资源加工型产业，企业规模通常较小。

（2）处于产业集群的初级阶段，实现了简单的企业集中，有利于企业之间的资源共享和信息传递，但是企业之间无关联性或关联性较少。园区缺乏引领经济发展的主导产业和龙头企业，导致企业之间各自为营。

（3）园区未形成自身文化，企业对于园区的依附性不强，园区内企业的变动率高。

（4）园区的生态意识弱。我国现阶段仍存在较多的地方性小规模园区，主要是因为一些地方政府为了提高当地GDP，急功求进，只重视园区内企业数量的增加，而忽视企业未来产业集群的发展，所以在进行招商引资时较为盲目，未重视引入企业的类型和发展能力等因素。

2. 第二代工业园区

2002年是我国加入WTO的次年，工业的发展由此面临着极大的机遇和挑战，工业园区进入了关键的转型时期，第一代工业园区的弊端在经济发展过程中不断显现，已经无法满足当时经济社会的发展，中国政府逐渐重视工业园区的产业集群发展。2002年，由国务院印发的《国家中长期科技发展战略研究》中，将"产业集群与高新区发展"作为"区域科技发展"专题中的子课题。国家科技部软科学处设立关于产业集群的招标课题。浙江、广东等省开始了产业集群发展的实践工作，2003年下半年，江苏、福建、河南等省也开始推进产业集群发展的工作。政府建立工业园区之后，明确园区发展的主导产业，注重企业的产业发展方向，引入同类产业的企业，但是由于政府将"产业集聚"与"产业集群"同类化，对于产业集群理解仅仅停留在"集聚"概念上，园区内的企业及相关机构并未形成生态群落。所以，此阶段的工业园区仅为第二代工业园区。

第二代工业园区处于中等偏下的发展水平，这类园区往往具备以下特点：

（1）主要发展以两三个产业为主的加工型制造业。

（2）实现了产业集聚发展，产业集聚是比产业集中高级、比产业集群低级的一种产业组织形式，同类产业通过集聚，获取规模经济，提高企业劳动生产率。主导产业明确，主要拥有两三个主导产业，吸引同类型企业的入驻，从而推动了产业集聚发展的形成。龙头企业具有重要的引导和示范作用。龙头企业在园区发展中占据重要位置，能较好地引导园区内企业集聚式发展，维系着工业园区的主要发展方向。

（3）园区企业未建立起合作网络关系，企业间的根植性弱，文化联系较少。

（4）园区未实现生态化发展。

3. 第三代工业园区

2008年国际金融危机后，国际产业一直处于回流阶段，我国的工业发展面临巨大的挑战，工业园区作为我国工业发展的重要载体，承担着越来越重要的责任。第二代工业园区已经无法满足现阶段的工业发展，我国学者开始注重区分产业集聚与产业集群的概念，探索工业园区的新型发展路径，在工业园区发展中正式融入产业集群理论，积极推动产业集群式发展和经济的可持续性发展，形成产业的生态族群式发展，提升我国工业整体竞争力水平。

第三代工业园区处于中等偏上水平，这类工业园区往往具备以下发展特点：

（1）产业专业化、技术化特征明显。第三代工业园区专注于某一特定的领域，通常以一个主导产业为主，围绕该产业，发展该产业的上下环节，形成了自身的专业特点和特色，便于突出特点，与其他产业园区进行差异化发展。

（2）产业集群化发展逐步形成。除了具备产业集中和集聚带来的优势以外，园区内的企业由于产业链关联性紧密，形成了专业化的分工与合作，产业的上下游循环发展，资源共享与互补，大企业与小企业之间密切合作，协同演化，形成了相互交错的网络关系。

（3）工业园区衍生出根植性。工业园区形成了自有的文化，园区的凝聚力强，园区内企业稳定性强。

（4）园区生态系统建设得到重视。引入循环经济理论，提升产业发展技术，形成低投入、高产出、低排放的生态化发展模式，保障工业园区的可持续发展。

4. 第四代工业园区

目前，新工业革命正处于启动阶段，全球将要步入新一轮的工业革命时期。在当代历史背景下，我国亟须革新工业技术，提高自主创新能力，提升工业技术水平。近年来，我国大力推动城市化发展，积极建设新型城镇化，推动"两化互动，产城一体"。

在国际国内社会经济发展背景下，我国探索出了符合我国国情和城市化、工业化发展特点的第四代工业园区。第四代工业园区代表着我国工业园区的发展新方向，是对原有工业园区的升华，第四代工业园区区别于传统意义上的"园区"，它实际上是一个功能完备、特色鲜明、实力雄厚、布局合理的"工业新城"，第四代工业园区将在推动我国"两化"（新型工业化、新型城镇化）互动、实现"产城一体"中发挥重要作用。

目前，我国各地区都在积极探索第四代工业园区的建设道路。第四代工业园区除了具备第三代工业园区的优势以外，还具备其他特点：

（1）产业定位明确，园区特色突出。工业园区通过把握国家及地方城市的发展战略导向，立足区域内的实际发展情况，全局性、系统性地把握区域内经济条件、产业基础、资源优势、人口情况、交通基础设施水平、地域特色等资源情况，明确了工业园区的产业定位。并且依托现有的发展情况，利用自身优势条件，形成工业园区自身特色，与周边工业园区差异性发展。

（2）实现产城一体、产居融合。这个特点是第四代工业园区区别于其他园区的独特之处。工业园区以产业集群为中心，建设配套完善的生产及生活服务业，构建了"宜业""宜居""宜商"的产业新城。集聚工业、居住、办公、商业商务、休闲娱乐、教育医疗等功能为一体，极大地提高了土地的利用效率，避免了"空城"现象的发生。实现了城市化与工业化互动发展，具备带动周边农村经济发展，推动新型城镇化建设，促进城乡一体化发展的重要作用。

二、广东省工业园区的分布与特点

（一）广东省工业园区及园区内企业基本情况

广东是工业大省，工业园区数量多，园区分布地域范围广，大多数园区规模小、园区内企业数量少。全省工业园区中，目前有政府相关文件认定并在实际安全监管工作中公认的化工园区共有 26 个，但普通行业园区的情况比较复杂，准确数量无法确定。广东省普通行业园区大都没有官方文件认定，园区数量非常多，园区规模差异也非常大，特别是村、镇一级的园区，其数量多、规模小、不规范，难以统计。普通行业园区数量以各地市 2021 年上半年上报给广东省应急管理厅的数据为准，与实际数量会有较大的出入，主要是大量的村一级工业园区未作统计。

广东省现有工业园区 2 193 个，其中普通行业园区 2 167 个，化工园区 26 个；园区内共有企业 36 924 家，其中位于化工园区内的企业 671 家，位于普通行业园区的企业 36 253 家；广东省园区内的企业中，普通行业园区存在危险工艺或危险部位的企业和化工园区涉及"两重点"的企业共有 6 602 家，其中普通行业园区存在危险工艺或危险部位的企业有 6 512 家，位于化工园区内涉及"两重点"的企业有 90 家；广东省园区内的企业中，构成危险化学品重大危险源的企业有 584 家，其中位于普通工业园区的企业有 223 家，位于化工园区内的企业有 361 家。广东省工业园区基本情况见表 2 - 1。

从园区内企业数量来看，广东省平均每个园区的企业数量为 17 家，反映出广东省园区的规模大都偏小，其中广州市平均每个园区的企业数量不到 9 家，东莞市平均每个园区的企业数量不到 12 家。广东省只有少数地、市平均每个园区的企业数量较多，如珠海市有 176 家、佛山市有 65 家、阳江市有 64 家。

表 2 - 1　广东省工业园区基本情况

序号	所在地市	园区（个）	企业（家）	存在危险工艺或危险部位企业（家）	构成危险化学品重大危险源企业（家）	企业主要类型
1	广州市	349	2 976	589	45	轻工、机械、化工
2	深圳市	107	4 170	1 068	10	轻工、商贸、机械、化工
3	东莞市	1 174	13 899	2 188	161	轻工、机械、纺织、化工
4	佛山市	42	2 716	0	2	轻工、机械、化工
5	惠州市	263	3 185	20	78	轻工、机械、化工
6	河源市	29	608	353	7	轻工、建材、机械、化工
7	江门市	74	2 607	291	15	轻工、机械、化工
8	韶关市	24	701	134	42	轻工、机械、化工
9	清远市	16	576	158	26	建材、轻工、机械、化工
10	茂名市	8	236	79	65	轻工、机械、建材、化工
11	阳江市	5	318	68	7	机械、轻工、化工
12	梅州市	9	518	205	6	机械、轻工、化工
13	潮州市	2	38	16	0	轻工、化工
14	汕头市	16	594	124	2	纺织、轻工、化工
15	汕尾市	3	57	16	0	机械、轻工、化工
16	揭阳市	3	65	39	5	机械、纺织、化工
17	中山市	33	1 658	670	1	机械、轻工、化工
18	珠海市	4	705	176	82	机械、轻工、化工
19	云浮市	7	152	45	7	机械、轻工、化工
20	湛江市	11	439	140	7	轻工、机械、建材、化工
21	肇庆市	14	706	223	16	轻工、机械、有色、建材、化工
	总计	2 193	36 924	6 602	584	

（二）工业园区地区分布情况

根据表 2-1 统计数据，全省 21 个地、市均有工业园区分布，园区数量最多的为东莞市，达 1 174 个，这与东莞市村镇工业园区起步早、小企业扎堆聚集进行生产经营有很大关系；园区数量较多的还有广州、惠州、深圳 3 市，园区数量均超过 100 个，这与 3 市制造业发达有很大的关系；园区数量最少的为粤东地区，如潮州市只有 2 个园区，揭阳市和汕尾市均只有 3 个园区，数量分别排在倒数第一和倒数第二名，这与当地工业较为落后有很大的关系。从"一核、一带、一区"的园区区域分布来看，"一核"即珠三角地区包括广州、深圳、珠海、佛山、惠州、东莞、中山、江门、肇庆 9 市，园区数量多达 2 046 个，占比 93.30%；"一带"即沿海经济带包括汕头、汕尾、揭阳、潮州、湛江、茂名、阳江 7 市，园区数为 48 个，占比 2.19%；"一区"即北部生态发展区包括韶关、梅州、清远、河源、云浮 5 市，园区数为 85 个，占比约 3.88%。

广东省 21 个地、市中，存在化工园区的有 13 个地、市，其中韶关市有 5 个化工园区；肇庆市、清远市、云浮市各有 3 个化工园区；江门市、惠州市、茂名市各有 2 个化工园区；广州市、珠海市、佛山市、东莞市、中山市、揭阳市均只有 1 个化工园区；深圳、汕头、汕尾、湛江、阳江、河源、梅州、潮州 8 市没有化工园区。韶关、清远、云浮 3 市的化工园区多为珠三角地区产业转移过去的园区。

从园区的地区分布可以看出，工业园区数量与当地经济发展水平和工业发展水平密切相关；同时，由于韶关市是老工业城市，并且近年接受来自珠三角地区产业转移量比较大，因此工业园区也比较多，达到 24 个，排在全省第 9 名；清远市近年来也接受了比较多的珠三角地区产业转移，工业园区数量排在广东省地区的中间位置，排名为第 10 名。

（三）工业园区行业分布及园区内企业行业类型情况

在普通行业园区中，除少数园区内的企业行业属性比较单一、园区的行业类型明确外，大都为多个行业类型的企业聚集而成的综合性行业园区，所以对每个园区的行业类型难以准确界定，也就难以对普通行业园区进行行业分类统计。广东省普通行业园区涉及冶金、有色、机械、轻工、建材、纺织、商贸行业，只有韶关市一个园区内有烟草企业。若按园区内的主体企业所属行业类型对普通行业园区进行园区行业类型划分，行业园区按数量由高到低排名是：轻工园区、机械园区、建材园区、冶金园区、有色园区，无明显的商贸园区，无烟草行业园区。

在广东省工业园区中，将园区作为一个整体列入安全监管的化工园区有 26 个，与普通行业园区相比，园区数量是比较低的。这与近年来进行了多次化工园区安全整治和园区清理，提高了化工园区的准入门槛，园区数量逐渐减少有很大的关系。

根据普通行业园区"一园一册"信息表数据和对广东省化工园区调研掌握的数据，除广州、佛山、惠州 3 市外，其他 18 个地市的工业园区内共有轻工企业 19 415 家、机械企业 4 248 家、商贸企业 2 015 家、纺织企业 1 038 家、建材企业 526 家、有色企业 179 家、冶金企业 98 家、烟草企业 1 家，占 18 个地市工业园区内企业总数的比例分别为：69.22%、15.15%、7.18%、3.7%、1.88%、0.64%、0.35%、0.004%。

全省 26 个化工园区共有企业 671 家，其中危险化学品企业有 422 家；在危险化学品企业中，生产企业有 335 家，储存企业有 65 家，使用企业有 22 家，园区内危险化学品企业数量占化工企业总数的 62.9%。

广东省工业园区内企业所属行业情况见表 2 - 2。

表 2 - 2　广东省工业园区内企业所属行业情况统计表

序号	所在地市	园区（个）	企业（家）	冶金企业（家）	机械企业（家）	建材企业（家）	纺织企业（家）	有色企业（家）	轻工企业（家）	烟草企业（家）	商贸企业（家）	化工企业（家）
1	深圳市	107	4 170	0	974	54	63	0	2 647	0	432	0
2	东莞市	1 174	13 899	50	1 145	23	659	11	10 701	0	1 284	26
3	河源市	29	608	7	33	46	18	2	497	0	5	0
4	江门市	74	2 607	2	119	51	43	6	2 322	0	20	44
5	韶关市	24	701	8	255	38	7	16	223	1	28	125
6	清远市	16	576	4	123	118	27	22	207	0	15	60
7	茂名市	8	236	1	23	17	2	0	123	0	9	61
8	阳江市	5	318	10	210	11	10	3	66	0	8	0
9	梅州市	9	518	4	230	42	12	4	212	0	14	0
10	潮州市	2	38	0	1	2	0	1	29	0	5	0
11	汕头市	16	594	0	155	26	132	1	215	0	65	0

（续上表）

序号	所在地市	园区（个）	企业（家）	冶金企业（家）	机械企业（家）	建材企业（家）	纺织企业（家）	有色企业（家）	轻工企业（家）	烟草企业（家）	商贸企业（家）	化工企业（家）
12	汕尾市	3	57	0	32	1	5	0	19	0	0	0
13	揭阳市	3	65	0	37	0	23	0	0	0	0	5
14	中山市	33	1 658	0	272	6	15	23	1 255	0	69	18
15	珠海市	4	705	0	314	5	2	0	257	0	21	106
16	云浮市	7	152	5	26	3	1	9	81	0	4	23
17	湛江市	11	439	4	63	22	3	0	323	0	24	0
18	肇庆市	14	706	3	236	61	16	81	238	0	12	59
	小计	1 539	28 047	98	4 248	526	1 038	179	19 415	1	2 015	527
19	广州市	349	2 976	未进行相应数据统计								46
20	佛山市	42	2 716	未进行相应数据统计								20
21	惠州市	263	3 185	未进行相应数据统计								78
	总计	2 193	36 924									671

（四）园区内企业存在危险性较大工艺或部位的情况

广东省除佛山、惠州两市外的普通行业园区企业中，存在危险性较大工艺或部位的企业有 6 512 家。其中，涉及爆炸性粉尘的企业有 498 家，涉及液氨制冷的企业有 93 家，涉及有限空间作业的企业有 2 712 家，涉及危险化学品的企业有 2 487 家，涉及燃气的企业有 138 家。

在广东省工业园区企业中，涉及重点监管的危险化工工艺的企业有 90 家，均在化工园区，主要分布在惠州、茂名、韶关、珠海等地市；涉及重点监管的危险化工工艺共有 13 种，分别是电解工艺、氯化工艺、硝化工艺、裂解（裂化）工艺、氟化工艺、加氢工艺、氧化工艺、过氧化工艺、氨基化工艺、磺化工艺、聚合工艺、烷基化工艺、新型煤化工艺。

广东省各地、市工业园区内企业涉危险性较大工艺或部位情况见表 2-3。

表 2-3 广东省工业园区内企业涉及危险性较大工艺或部位情况统计表

序号	所在地市	园区(个)	企业(家)	存在危险工艺或危险部位企业(家)	涉煤气企业(家)	涉危险化学品企业(家)	粉尘涉爆企业(家)	涉氨制冷企业(家)	涉及有限空间企业(家)	未涉及或未注明是否涉及危险工艺或危险部位企业(家)	涉及重点监管的危险化工工艺企业(家)
1	广州市	349	2 976	583	79	95	94	0	315	2 347	6
2	深圳市	107	4 170	1 068	6	827	15	5	234	3 083	0
3	东莞市	1 174	13 899	2 185	22	621	51	11	1 480	11 688	3
4	河源市	29	608	353	3	125	16	2	139	323	0
5	江门市	74	2 607	291	0	106	83	7	95	2 272	0
6	韶关市	24	701	134	0	52	36	1	66	421	14
7	清远市	16	576	152	1	55	14	1	76	359	6
8	茂名市	8	236	63	1	12	26	15	14	107	16
9	阳江市	5	318	68	0	16	7	13	13	269	0
10	梅州市	9	518	205	0	165	37	2	31	283	0
11	潮州市	2	38	2	0	0	0	0	2	35	0
12	汕头市	16	594	124	0	104	0	2	18	358	0
13	汕尾市	3	57	16	0	6	3	2	5	41	0
14	揭阳市	3	65	36	0	36	0	0	0	0	3
15	中山市	33	1 658	670	11	46	47	5	31	1 358	0
16	珠海市	4	705	162	0	82	21	4	45	447	14
17	云浮市	7	152	41	1	21	9	1	14	69	4
18	湛江市	11	439	140	0	66	21	17	41	268	0
19	肇庆市	14	706	219	7	52	18	5	93	472	4
小计		1 888	31 023	6 512	138	2 487	498	93	2 712	24 200	70
20	佛山市	42	2 716	未进行相应数据统计							0
21	惠州市	263	3 185	未进行相应数据统计							20
总计		2 193	36 924								90

（五）工业园区危险化学品重大危险源情况

在广东省工业园区36 924家企业中，构成危险化学品重大危险源的企业有584家，占比1.58%，其中位于普通行业园区的重大危险源114个，位于化工园区的重大危险源470个；在广东省26个化工园区中，存在危险化学品重大危险源的园区有21个，占比80.77%。

从危险化学品重大危险源的地区分布来看，普通行业园区构成重大危险源的企业主要集中在东莞、清远、韶关、深圳、湛江、阳江、河源等地，广州、佛山、惠州、潮州、汕尾、揭阳、珠海7市的普通行业园区不存在重大危险源的企业；在化工园区中，存在重大危险源的企业主要集中在惠州、珠海、茂名、揭阳等地。

从园区危险化学品重大危险源的数量分布来看，集中在化工园区的重大危险源数量占全省工业园区重大危险源总量的80.5%，占构成重大危险源企业总数的80.5%。普通行业园区的重大危险源主要集中在建材行业园区、冶金行业园区、轻工行业园区；企业类型主要集中在陶瓷生产、钢铁冶炼、食品加工企业，构成重大危险源的物质主要是燃气、液氨等。

（六）园区安全管理现状

1. 园区安全监管（管理）模式情况

（1）安全监管总体情况。目前，广东省工业园区安全监管模式主要有政府主导的安全监管模式、企业主导的安全管理模式、政企合作的安全监管模式三种。广东省普通行业园区安全监管模式以企业主导的安全管理模式为主，规模相对较小的村镇园区基本采用这种模式，规模相对较大的普通行业园区多采用政企合作的安全监管模式；化工园区基本实现了由政府主导的安全监管模式。

（2）政府主导的安全监管模式。该模式的园区安全监管机构为纯政府部门或由政府部门牵头事业单位组成具有政府职能的机构，安全监管机构一般具有行政执法权，完全代表政府监管和执法，监管责任和权力明确，监管规范，监管力度大，监管人员综合业务能力强，技术素质高，如惠州大亚湾石化区由惠州市安全生产监督管理局大亚湾经济技术开发区分局负责园区安全监管，珠海市的保税工业园区和南屏科技工业园设置了安监局（办）负责园区的安全生产监督管理工作，以上属于由政府完全主导的安全监管模式。

（3）企业主导的安全管理模式。该模式的管理主体为企业，一般为园区的开发商或投资商，不具备政府的管理职能，职责是负责园区的综合运营管理，一般不成立专门的安全管理部门，相当于行使园区所有人的综合管理权，对园区的安全管理责任不明确，如清远市清新区太平镇龙湾电镀城的安全管理就属于这种安全管理模式，园区由龙湾工业投资实业有限公司管理，该公司的主要业务是工业投资与管理、污水处理。

（4）政企合作的安全监管模式。该模式一般是政府为管理园区成立一个国有性质的企业，并委托该国有企业对园区进行运营管理，或通过政府招标社会资本方成立公司对园区进行管理，主要是负责园区的招商的园区运营管理，大都不成立专门的安全管理部门。如汕头潮南纺织印染环保综合处理中心由汕头市潮南区纺织印染环保综合处理中心管理办公室建设管理股管理，是潮南区通过政府和社会资本合作（Public - Private Partnership，PPP）公开招标确认中标社会资本方。

2. 园区应急能力建设情况

目前广东省普通行业园区均无建立园区层面的应急救援队伍，也无储备应急救援物资，而是依托社会救援力量为园区和企业提供应急救援服务。

在广东省的化工园区中，仅广州市南沙区小虎化工区、珠海高新经济开发区、大亚湾石化区、立沙岛精细化工园区和茂名高新技术产业开发区共5个化工园区建立了化工园区特勤消防站，同时建立了危险化学品专业应急救援队伍。如广州市南沙区小虎化工区建立了小虎岛消防特勤中队、广州市南沙区危险化学品应急救援队。小虎岛消防特勤中队配备有高喷消防车、二氧化碳消防车、干粉消防车、泡沫消防车、水罐消防车、多功能抢险救援车、供水车等各类应急救援车辆共10辆，并配置有1艘消防船；南沙区危化学品应急救援队配备有1辆消防车、2辆物资车及1辆指挥车，一级防化服15套、二级防化服15套及其他专业危化事故处置装备。

韶关市的华彩新材料产业园、乳源新材料产业园、南雄高新技术产业开发区共3个化工园区依托园区内的企业成立了危险化学品专业应急救援队伍。

3. 安全管理信息化建设情况

广东省普通行业园区均未建立信息化安全管理系统。

部分化工园区建设了信息化安全管理系统，实现了对园区和园区内企业安全生产基础信息台账管理、安全风险监测监控和预警、事故隐患排查治理管理、车辆和人员出入管理等信息化管理。如广州市南沙区小虎化工区建立了园区监控系统，包括应急广播和高空瞭望视频，实现了对园区的全天候立体监控。

广东省建立了省级危险化学品安全生产风险监测预警系统，该系统围绕危险化学品储罐区、仓库、生产装置等重大危险源以及关键部位等的安全风险，形成从企业、园区、地方应急管理部门到上级应急管理部门的分级管控与动态监测预警。目前，广东省绝大部分重大危险源企业的重要实时监控视频图像和预警数据全部接入危险化学品安全生产风险监测预警系统。

4. 工业园区安全生产整治情况

近年来，广东省安委会、应急管理厅和各地应急监管部门针对工业园区组织、开展了一系列安全生产专项整治工作，其中又以化工园区的安全生产专项整治为多。近10年来，广东省集中开展的工业园区整治专项行动主要如下：

（1）2015年全省工贸行业园区、危险货物生产储存港区、化工园区安全风险评估和隐患排查治理。

原广东省安全生产监督管理局印发了《关于开展工业园区安全风险评估和隐患排查治理工作的通知》（粤安监管二〔2015〕8号），要求全面开展广东省化工园区以外工业园区安全风险评估和隐患排查治理工作。一是要求通过摸底调查，掌握各工业园区主管部门、管理机构及专兼职安全管理人员配备、园区产业规划、安全准入条件、重大危险源管理、应急能力建设等情况，了解园区内企业生产经营活动合规性、安全生产条件、隐患排查治理等落实安全生产主体责任的情况，建立健全工业园区安全生产管理台账；二是要求有关地区要依法依规用好省级财政安全生产专项资金及本地财政安全生产专项资金，按时完成工业园区安全风险评估任务。当时大部分规模较大的园区开展了该工作，大部分小园区没有开展，但整体来说，园区安全生产管理台账并没有建立完善。

2015年4月，广东省安全生产委员会办公室印发了《关于加强化工园区安全风险评估和事故隐患排查治理工作的通知》（粤安办〔2015〕34

号），要求各有关地区根据当时化工园区规划建设和发展情况，委托长期从事化工园区风险研究、技术力量强、具备相应条件的安全生产技术服务机构，参照《广东省化工园区安全风险评估工作指引（试行）》，在2015年底前完成化工园区安全风险评估工作。同时要求各有关地区要坚持把化工园区及企业事故隐患排查治理作为安全生产工作的重要内容，有效推动事故隐患排查治理工作常态化，逐步形成"职责明确、标准清晰、科技支撑、社会参与"的隐患排查治理工作格局，各级政府安全生产委员会要将化工园区安全风险评估和事故隐患排查治理工作落实情况纳入地方政府年度安全生产责任制考核范围。

"8·12"天津滨海新区天津港危险品仓库火灾爆炸事故发生后，为掌握广东省危险货物生产储存港区、危险化学品生产储存专区安全现状，切实加强危险化学品和易燃易爆物品安全管理，广东省安全生产委员会办公室印发《关于开展危险货物生产储存港区 危险化学品生产储存专区安全风险评估工作的通知》（粤安办〔2015〕84号），开展了危险货物生产储存港区和危险化学品生产储存专区的安全风险评估工作。广东省安委办将该次安全评估和整改工作纳入当年各地安全生产责任制履职考核的重点内容，并在年底组织广东省有关部门和专家对各市上报的重点区域的安全评估工作进行督查、复核。

（2）2020—2022年工业园区安全生产专项整治三年行动。

广东省从2020年开始开展的工业园区等功能区（含物流仓储园区、港口园区）的安全生产专项整治三年行动，是广东省到目前为止对园区整治内容要求最系统、针对性最强、持续时间最长的一次整治行动。2020年5月30日，广东省安全生产委员会印发了《广东省安全生产专项整治三年行动实施计划》，其中包括了《广东省工业园区等功能区安全生产专项整治三年行动实施方案》。该园区专项整治实施方案一是明确了"7个100%"的工作目标，即负责园区安全生产管理的责任主体或机构达到100%，园区安全风险评估完成率达100%，高风险工业园区落实专业监管人员完成率达100%，高风险工业园区封闭化管理完成率达100%，园区内企业的特种作业人员和特殊作业人员安全培训及持证上岗完成率达100%，园区内化工、医药、冶金、有色行业企业及其他规模以上企业安全标准化达标完成率达100%，集约化、可视化安全监管信息共享平台建成率达100%；二是明确了五大方面的重点任务，包括：完善园区安全生产管理体制机制、强化园区安全生产源头管控、建立以风险分级管控和隐患排查治理为重点的园区安全预防控制体系、加强高风险园区安全管控、夯实园区信息化和应急保障等安全基础，并细化为18项具体工作任务，同时明确了各项具体任务的责任部门；三是明确了工作进度要求。各地根据方案要求，结合实际制订了实施方案，开展了专项整治工作，如排查摸底、监管执法等。

（3）工业园区整治的其他相关工作。

佛山市印发《佛山市村级工业园升级改造总攻坚三年行动计划（2021—2023年）》，持续推进村级工业园转型升级，截至2021年5月，全市共完成村级工业园拆除2.26万亩，累计完成拆除9.62万亩，村级工业园改造升级取得阶段性成效。由顺德区应急管理局主导编制的《广东省现代村级工业园（区）安全与应急管理规范》被广东省安全生产协会确定为团体标准，并正式发布实施；广州市根据园区类型分类制订了《广州市物流仓储等功能园区安全生产专项整治三年行动实施方案》《广州市港口码头等功能园区安全生产专项整治三年行动实施方案》等，以便于工作开展；清远市清新区多次聘请广东省安全生产技术中心有限公司专家对广州（花都）清新产业转移工业园区、太平镇中信镇宇园区开展隐患排查；珠海市印发了《珠海市进一步加强产业园区发展建设若干政策措施的通知》，对珠海市园区数量、产业定位等进行了明确，并出台了珠海市先进制造业"十四五"规划，明确了重点产业的区域布局。

《智慧园区设计、建设与验收技术规范》（DB44/T 2228—2020）是广东省2020年7月22日实施的一项地方标准，归口于广东省智慧城市标准化技术委员会，规定了智慧园区的设计、建设、验收要求。

《化工园区公共管廊运营企业服务规范》（DB44/T 2113—2018）是由珠海汇华公共管廊投资管理有限公司和广东省特检院珠海检测院共同编制的广东省地方标准，于2018年4月25日起实施，意味着珠海检测院首次助力化工园区公共管廊运营企业进行服务标准化获得成功。该规范明确了运营企业的基本要求、人员、设施设备等责任管理要求和提供的服务内容，规范了运营企业的行为、强化了运营企业的内部管理体系，提升了服务水平和管理模式。该标准的出台为运营企业提供了标准化管理和服务的方向，是产业发展的必然要求，是保障管道安全运行、促进全省行业健康有序发展的必要措施，有望引领广东省公共管廊运营企业服务达到全国一流水平。

（4）工业园区第三方安全技术服务情况。

近年来，各地政府和应急管理部门重视工业园区第三方安全技术服务工作，充分发挥专业技术服务机构和专业人员在园区安全风险评估、事故隐患排查治理、安全管理政策文件制定等方面的作用。目前，广东省工园区的第三方安全技术服务主要有三种形式，一是项目委托式服务，就是地方政府或政府部门通过招标委托第三方安全技术服务机构提供特定安全技术服务，是广东省园区目前普遍采用的方式；二是机构驻点式服务，就是园区与第三方安全技术服务机构签订阶段性的框架技术服务协议，由第三方在一段时期内驻点于园区，根据服务协议和园区安全管理工作的需要，提供相对连续的、范围较广的技术服务；三是专家坐班式服务，就是园区聘请技术专家个人，与园区安全管理机构一起办公，专家个人协助园区安全管理机构开展园区安全监管工作，提供个人技术服务。

广东省园区的安全风险评估、事故隐患排查等专项服务基本上是采用政府招标方式委托技术服务机构进行安全技术服务。但是，省内普通行业园区均未聘请第三方技术服务机构提供驻点的安全服务及提供专家坐班安全技术服务，而省内化工行业园区中也只有 10 个化工行业园区聘请了第三方服务机构提供驻点的安全技术服务，如南沙小虎化工区自 2017 年依托中国安科院建立小虎化工区工作站，组建了一支由 10 名专业人员组成的技术团队，设置固定驻点 2 名技术人员，提供园区全过程技术服务指导；惠州大亚湾石化区先后委托原广东省安全生产技术中心、广东华晟安全职业评价有限公司、上海守安投资控股集团有限公司连续 10 年为其提供安全生产管理及技术服务，同时惠州大亚湾石化区聘两名全职安全顾问和两名全职专家的坐班式技术服务。珠海经济技术开发区化工园区聘用了 4 名专职专家提供坐班式服务，专家队伍全程参与园区规划、项目准入、建设项目"三同时"、日常监管、应急与事故处理等所有环节；园区除坐班专家外，还长期外购第三方提供的安全技术服务，包括园区整体安全评估、园区企业安全风险隐患排查、园区企业安全教育培训、企业的作业（包括特殊作业）管理等；园区组织成立了危化化工专业协会和危化化工本地专家库，聘请了来自园区的百余名企业化工安全监管专业高级人才。

（5）承包商安全管理情况。

广东省工业园区对于进入园区提供服务的承包商管理比较松散，大部分由企业自行负责。大部分园区没有制定相关的管理制度和考核标准，有的园区即使制定了相关的制度，也未严格执行。

第二节　广东省工业园区安全风险现状

一、工业园区事故风险特点

工业园区具有产业集聚化程度高、园内企业行业类型较多、资源需求量大等特点，同时考虑到园区企业在生产过程中可能涉及生产、储存、使用、运输易燃易爆等危险源、各工艺过程存在的危险性等方面的因素，随着工业园区的建设与发展，产业的集聚性也加剧了事故风险的聚集，工业园区的事故风险日益突出。

（一）导致事故发生的风险因素较复杂

工业园内企业数量较多、行业类型复杂，生产较为集中，园内部分企业生产过程中可能会使用到大量易燃、易爆类的危险物料，同时各企业的设备设施、工艺过程也存在一定的危险性，而对于工业园这一整体而言，除了需要考虑企业生产过程中存在的风险因素外，也不能忽视工业园区公共区域以及日常安全管理过程中存在的风险，此外企业与企业之间的关联性也使得工业园区风险因素更加复杂化，若不进行有效且完善的风险识别、采取合理的风险管控措施、实行严格的安全管理制度，不仅会对园内人员造成人身伤害，还会给园区带来严重的财产损失。

（二）企业之间存在较大的事故关联风险

工业园区为园内企业提供生产场所的同时，还集中提供电力、工业用水、运输系统等公辅设施，在此基础上，园内企业一方面是独立的个体，另一方面又与园区内其他企业相互关联、相互影响。企业的聚集性提高了事故发生的概率，更容易引发连锁事故，例如园内某一企业发生火灾或爆炸等事故时，极有可能影响到园区其他企业。另外园区运输系统的不合理规划也有可能导致车辆事故的发生，对企业及周边企业造成不利影响，由此可以看出，工业园区内企业与企业之间存在的关联性，增加了连锁事故发生的概率。

（三）事故风险后果程度较为严重

相对于单独的企业，工业园区发生事故后果的严重程度明显增强，尤其是部分企业使用的原料以及产品可能涉及危险化学品，容易发生泄漏、火灾爆炸等事故，且一旦发生事故，影响到的可能不仅是企业自身，园区内其他企业甚至是工业园区周边建筑和居民区都会受到波及，工业园区整体事故风险逐渐加大。

（四）区域安全和应急管理水平不高

工业园区内的企业不仅在生产活动方面具有关联性，同时身为独立个体，又有各自的安全管理制度以及应急管理体系，这样就给园区的安全监管工作带来了新的挑战，如何有效地将园区与企业自身的应急管理系统、企业与企业之间的应急管理体系相结合，设置科学、合理的应急管理组织架构，形成区域应急联动机制，协调消防、医疗等应急救援资源，提高工业园区区域应急管理水平，是做好工业园区应急管理工作的重要任务。

总而言之，由于工业园区自身存在的复杂性，除了企业自身存在的事故风险以外，园区企业与企业之间的相互影响、园区公共区域内存在的风险目标等，催化了工业园区事故风险的叠加效应，使得工业园区事故风险类型变得更加复杂，事故后果更加严重，给工业园区及相关人员甚至是工业园区周边场所及居住人员带来巨大的人身伤害、财产损失。

二、广东省工业园区安全风险特点

（一）工业园区安全风险总体情况分析研判

1. 工业园区生产安全事故总体情况

根据初步统计，2016—2020 年，广东省工业园区共发生生产安全事故 422 起，造成 367 人死亡、144 人受伤，其中 52 人重伤，直接经济损失 14 300.27 万元。其中一般事故 419 起，较大事故 3 起，无重大及以上事故。事故包括了园区的建筑施工事故，事故情况见表 2-4。

表2-4　2016—2020年广东省工业园区生产安全事故情况

年度	2016	2017	2018	2019	2020
事故起数（起）	81	93	91	92	65
死亡人数（人）	79	77	81	73	57
受伤人数（人）	14	35	22	52	21
受伤人数中重伤人数（人）	5	10	10	17	10

2. 工业园区安全风险管控水平的分析研判

广东省是工业大省，工业园区多，园区内生产经营企业多，涉及的生产工艺、设备设施和危险化学品多，企业生产技术条件和安全管理水平参差不齐，安全风险容易交织叠加，继而引发生产安全事故。通过对工业园区安全风险现状调查和研究分析，对广东省工业园区事故风险水平总体情况的研判是：园区零星小事故多发，一般事故偶发，在多种危险因素作用下存在发生火灾、爆炸等重特大生产安全事故的可能。

近年来，广东省强化了对工业园区的安全监管，持续开展了工业园区安全专项整治，尤其是对化工园区，已经开展了多轮的安全专项整治。通过专项整治，工业园区特别是化工园区的数量有所减少，园区的安全技术条件和管理水平有所提升，安全状况整体稳定并呈持续好转态势。从事故统计数据可以看出，广东省工业园区事故数量整体稳定，略呈下降趋势，近年来没有发生过重特大生产安全事故，总的说来，广东省工业园区安全风险是整体可控的。

（二）广东省工业园区安全风险分布特点

1. 工业园区安全风险地区分布特点

广东省工业园区主要分珠三角核心地区（即一核），即广州、深圳、珠海、佛山、惠州、东莞、中山、江门、肇庆9市，该区域的工业园区占广东省园区数量的90%以上，这些园区中有规模大的、安全保障条件好的园区，也有散而小的、镇办和村办的园区，是广东省工业园区事故多发的地区。2016—2020年发生的422起工业园区事故中，发生在珠三角核心地区的有331起，占比为78.44%。其中，深圳市发生134起，占比31.75%；佛山市发生68起，占比16.11%；东莞市发生77起，占比18.25%。

十多年来，广东省在粤北、粤西和粤东大力兴建产业转移园区，接受珠三角地区产业转移,该区域的工业园区和工业园区内企业数量增幅较大,这些园区规模普遍较小,园区内生产经营企业多为小微企业,园区和企业管理专业人才相对匮乏,软、硬件投入相对不足,园区内公共配套设施和条件较差,安全风险高。2016—2020 年,梅州市、清远市、阳江市的工业园区分别发生了 12 起、11 起、9 起事故。

总的说来,珠三角地区园区数量大且分布密集,是广东省工业园区中安全风险最高的地区;非珠三角地区的清远、韶关、梅州、河源、阳江等地市的工业园区数量较多且规模小,是园区安全风险较高的地区;清远市的英德市、韶关市的乳源瑶族自治县因化工园区多,且园区安全保障条件不高,其化工园区的安全风险也较高。

2. 工业园区安全风险行业分布特点

广东省化工园区内的企业大多数为化工企业,非化工类的企业占比不大,园区的化工行业特性较为明显,目前广东省普遍确认的化工园区有 26 个。冶金等八大行业的工业园区,其园区行业特性往往不明显,园区内企业的所属行业类型较多,园区内不同行业的企业在数量上也比较分散,园区的主导行业不突出,在某种意义上表现出综合性行业园区的特征。为便于风险分析,本书依然根据园区各行业企业数量的比重进行园区的八大行业的归类和划分。根据调研了解的情况,在广东省冶金等八大行业的工业园区中,轻工行业的园区占比最大,其次是机械行业园区,然后依次是纺织行业园区、建材行业园区、有色行业园区、冶金行业园区。全省无明显的商贸企业聚集的商贸行业园区,但不少园区内有商贸企业;全省无烟草行业园区。

轻工行业生产设备多、生产工艺多、物料和产品成分复杂,部分企业使用到危险化学品,在一定条件下可能发生中毒、火灾、爆炸事故;部分企业存在粉尘爆炸风险。机械行业生产设备多,作业场所人员较集中,机械伤害事故多发;部分企业存在金属打磨工艺,存在粉尘爆炸风险。冶金行业和有色行业园区和企业的主要安全风险是灼烫、一氧化碳中毒和压力容器爆炸。纺织行业的主要安全风险灾害是火灾、中毒和窒息。化工行业的安全风险主要是中毒、火灾和爆炸。

3. 工业园区生产安全事故类型分布

2016—2020 年广东省工业园区发生的 422 起事故中,事故类型主要为高处坠落、机械伤害、物体打击、触电、火灾、坍塌、起重伤害、车辆伤害、灼烫、中毒窒息 10 类事故，分别发生了 132 起、59 起、58 起、51 起、26 起、20 起、20 起、14 起、10 起、9 起，分别占比 31.28%、13.98%、13.74%、12.09%、6.16%、4.74%、4.74%、3.32%、2.37%、2.13%。

高处坠落、物体打击、坍塌、触电事故主要发生在园区的建筑施工作业中。

（三）广东省工业园区行业安全风险分析

1. 轻工行业安全风险分析

（1）行业安全风险总体情况分析。

轻工行业园区和轻工企业在广东省园区和企业中是最多的，地域分布广泛，广东省轻工行业园区企业主要涉及的安全风险比较高的门类主要有纸浆及造纸、塑料制品、家具制造、金属制日用品制造、自行车制造、照明器具制造、电池制造等，生产过程使用的危险化学品等有毒、有害物质多，生产作业人员比较密集，除普遍存在机械伤害、触电、物体打击等安全风险外，还存在火灾、爆炸、中毒和窒息等安全风险。

（2）造纸和纸制品业安全风险分析。

广东省是全国第三大造纸省，造纸和纸品加工企业多，东莞市、江门市、湛江市、肇庆市广宁县、韶关市南雄市工业园区内的这类企业比较多。其主要安全风险有容器爆炸、中毒和窒息等。

在制浆作业过程中，在蒸球、蒸锅等蒸煮容器超压、超温、超负荷运行时，容易造成容器爆炸事故；在浆池、浆塔清理及检维修作业时，容易发生硫化氢和甲烷等有毒、有害气体积聚而造成中毒窒息事故；当纸品使用液氯漂白时，液氯储罐和管道容易发生泄漏，造成中毒窒息事故；在纸品烘干过程中，烘缸超压、超温、超负荷运行时容易造成容器爆炸事故；天然气管道易泄漏造成燃气爆炸事故；在木片料仓清仓或维修作业中容易发生物料坍塌事故，当料仓通风不良时，容易造成二氧化碳等有毒、有害气体积聚而发生中毒和窒息事故。

近年来，广东省造纸厂发生多起中毒和窒息事故。2018 年 2 月 23 日，位于肇庆市广宁县石润镇工业园区内的广安纸业有限公司在春节后复工时，其制浆车间的 1 名操作工在未先开启车间风机通风的情况下，直接开动纸浆制浆池搅拌机，引发制浆池的有毒气体从浆池口溢出，导致在浆池口附近的 2 名人员因吸入硫化氢气体中毒，车间其他人员进行施救时又造成 6 人相继中毒，事故最终造成 1 人死亡、7 人不同程度中毒。2019 年 2 月 15 日，位于东莞市中堂镇吴家涌第二工业园区的东莞市双洲纸业有限公司，在进行污水调节池清理作业时，3 名作业人员在池内因吸入硫化氢气体后中毒晕倒，先后有 6 人下池施救，其中 5 人中毒晕倒在池中，事故最终造成 7 人死亡、2 人受伤，直接经济损失约 1 200 万元。

（3）橡胶和塑料制品业安全风险分析。

广东省橡胶和塑料制品业主要包括汽车轮胎、塑料包装品、建筑塑料、日用塑料等，佛山市高明区、惠州市、汕头市和东莞市等的工业园区中该类企业比较多。主要安全风险有粉尘爆炸、中毒窒息等。

在原材料混合、搅拌过程中，容易因摩擦、碰撞火花和静电等因素引起粉尘爆炸；在橡胶和塑料制品涂装作业中，容易因通风不良、设备密封不好而发生中毒和窒息事故；车间和仓库的塑料和纸箱等可燃物多，容易发生火灾事故。

近几年，佛山市顺德区工业园区内的多家塑料厂发生了火灾事故，2020 年 11 月 18 日，佛山市顺德区杏坛镇七滘工业区一塑料厂发生火灾伴爆炸，厂房被烧得面目全非，大部分厂房坍塌，幸好人员逃生及时，没有造成人员死亡；2021 年 2 月 4 日，仍是这个园区的一家塑料厂发生火灾，过火面积 710 平方米，幸无人员伤亡。

（4）家具制造业安全风险分析。

广东省为我国主要的家具生产基地之一，形成了以广州及周边的顺德、中山、深圳、东莞为中心的华南家具工业区，家具制造业属于劳动密集型产业。其主要安全风险有火灾、爆炸、中毒和窒息等。

家具厂木材等可燃物多，容易发生火灾事故；家具加工使用油漆和稀释剂等涂料，这些化学品在储存和使用过程中挥发形成爆炸性气体，遇点火源有发生爆炸的危险；木板材打磨车间产生粉尘，除尘系统集尘存在木粉尘爆炸危险；当家具喷漆作业通风不良时，容易造成化学品燃烧爆炸和中毒窒息事故。

2022 年 3 月 4 日，顺德龙江麦朗西沙工业区一家具厂喷漆房的油漆罐突然爆炸，并引发了火灾，幸好事发当时工人离爆炸点比较远，无人员伤亡；2019 年 9 月 4 日晚，东莞市大岭山镇东莞市创嘉家具实业有限公司厂房一楼电线短路起火，引燃了家具成品及半成品，火势蔓延至整个 4 层厂房，过火面积约 7 300 平方米。事故造成 3 人死亡，3 人受伤，直接经济损失 1 600 余万元。

（5）金属制日用品、自行车、照明器具、电池等制造安全风险分析。

金属制日用品、自行车、照明器具制造业中，煤气使用场所容易发生中毒和窒息事故，天然气使用场所容易因管道泄漏引发燃气爆炸事故；金属制日用品、自行车制造中，抛光、抛丸、除锈作业和除尘系统容易发生金属粉尘爆炸事故；自行车制造中，喷漆室容易出现通风不畅、漆雾聚集，当遇到静电或明火时容易发生漆雾爆炸事故；照明器具制造中，熔制、成型过程中，玻璃窑炉容易漏料引发灼烫死亡事故；电池制造业中，焊接作业容易发生回火引发爆炸事故，充、放电过程容易产生氢气从而引起爆炸。

2. 机械行业安全风险分析

（1）机械行业安全风险总体情况分析。

广东省机械制造业非常发达，机械行业园区和机械制造企业在全省工业园区和企业数量中排第二位，地域分布广泛，广东省铸造产业主要分布广州市、佛山市、东莞市、肇庆市、韶关市等地，如广州花都区被称为中国汽车产业链最完整的区域，佛山市是广东最重要的制造业中心，东莞市是高尔夫球杆的重要产地，肇庆市高要区是中国压铸产业集群示范基地。广东省机械行业园区企业主要涉及安全风险比较高的门类，主要有金属制品制造业、通用设备制造业、专用设备制造业、汽车制造业、电气机械和器材制造业、通信设备制造业等；主要工艺覆盖了铸造工艺、锻压工艺、焊接工艺、机械加工工艺、热处理与电镀工艺、涂装工艺；主要涉及的特种设备有起重机械、锅炉、压力容器和气瓶等。机械伤害是机械行业多的事故类型，安全风险较大的还有火灾、爆炸等事故。

（2）铸造作业主要安全风险分析。

在铸造工艺造型作业环节，压力造型机容易发生冷却水管漏水、液压管漏油，当接触高温溶液时容易引起爆炸事故。

在铸造工艺熔化与浇铸作业环节，当冲天炉炉体腐蚀严重，连接部位不牢固及泄爆口损坏时，容易导致铁水泄漏和炉体爆炸；电加热熔炼炉容易发生冷却水管漏水，当接触高温金属溶液时容易引起爆炸；当熔炼炉周边溶液（熔渣）坑边和坑底未设置防止水流入的措施，或坑内潮湿、积水，容易导致溶液（熔渣）遇水爆炸；当吊运熔融金属的起重机主要部件强度不够或制动器失效时，容易导致熔融金属倾翻，引起起重伤害和灼烫事故；当地坑内浇铸时，若地坑铸型底部有积水或潮湿，与高温溶液接触时容易发生爆炸事故。

（3）锻压作业主要安全风险分析。

在锻造作业过程中，容易出现锻造机锤头破裂，或零部件松动，致使锻打时有飞出伤人风险；自动锻压机的滑块控制失灵时存在意外运动伤人风险；操作空气或蒸汽锤以及模锻作业时存在锻模、锤头碎裂飞出伤人的风险。

在冲压作业过程中，当冲压机械安全装置或冲压生产线防护栅栏失灵或失效时，容易导致人体进入冲模区，存在机械伤害风险。

（4）焊接作业主要安全风险分析。

在焊接作业中，焊接或切割区域未设置防护屏板，飞溅火花容易引燃易燃物质发生火灾事故；在有限空间进行焊接作业时，集聚在有限空间内的易燃、易爆气体和有毒气体容易导致爆炸事故和人员窒息事故。

（5）机械加工作业主要安全风险分析。

在机械加工作业过程中，采用车床、铣床、镗床、钻床和磨削机械进行金属切削加工时，存在设备部件和加工件飞出伤人风险，存在砂轮破碎飞出伤人风险；在进行铝镁金属打磨作业时，容易发生粉尘爆炸事故。

（6）热处理与电镀作业主要安全风险分析。

广东省有超过 20 个电镀园区，主要分布在江门市、清远市、肇庆市、韶关市等地，其安全风险较大，是广东省机械行业中的高安全风险门类。近年来，广东省多个园区电镀企业发生多起生产安全事故。2021 年 4 月 22日，位于东莞市麻涌区豪丰环保产业园二楼的东莞市精一新材料表面处理有限公司因维修后的电镀槽过滤泵在运行过程中温度过高自燃，继而引燃电镀槽包材物质发生火灾，事故造成该栋厂房四楼的东莞新安力升金属科技有限公司 2 名夜班人员死亡；2019 年 10 月 3 日 19 时许，位于江门市新会区崖门镇新财富环保电镀基地的江门市华齐表面处理有限公司在组织员工开展清洗酸洗槽作业时，将含有硫酸成分的废水倒入旁边碱铜过滤机下面的接水盘，由于接水盘残留含有氰化钠、氰化亚铜和烧碱等物质的碱铜结晶体，遇到含有硫酸的废水发生化学反应，产生氰化氢气体，事故造成 8 人不同程度中毒。

在热处理过程中使用液氨，液氨的储存及使用，容易发生氨泄漏从而引起中毒和窒息、火灾或爆炸事故；采用燃油或燃气加热时，加热炉区域通风不良时容易导致中毒和窒息事故；整体热处理或气体加热炉操作及检修作业时，可燃气体未吹扫或置换不充分时容易引发中毒和窒息、气体爆炸事故。

在电镀过程中，自动电镀线的电镀槽体容易聚集氢气而发生爆炸事故，通风不良容易导致化学品中毒和窒息；槽液配置作业操作不当，容易引起飞溅和化学品爆炸事故；电镀危化品储存保管不当，无通风措施，或电气不符合防爆要求，容易发生火灾爆炸、中毒和窒息事故；在有限空间进行电镀作业，易燃、易爆和有毒气体容易发生集聚，容易发生爆炸以及人员中毒和窒息事故。

（7）涂装工艺作业主要安全风险分析。

在涂漆作业过程中，涂料调配、涂漆和喷涂作业时，容易发生火灾、中毒和窒息事故。

3. 纺织行业安全风险分析

（1）纺织行业整体安全风险分析。

广东省纺织行业主要集中在佛山市南海区、汕头市潮阳区和潮南区、东莞市虎门镇和大朗镇、江门市、中山市等。纺织涉及棉纺、丝绸加工、麻纺、毛纺、化纤相关作业等的企业，生产环节协调性强，多是以多机台、多工序、长流程、流水作业及连续性大协作生产方式进行生产，其分工复杂，从业人员多而杂，轮班制作业，劳动强度有所降低但仍然较大，作业环境差。风险最大的事故是火灾，其次是燃气爆炸、中毒和窒息，再次是化学品灼伤，机械伤害事故往往是零星多发的但事故后果较轻。

（2）棉（麻、毛、丝绸和针织）纺织加工作业主要安全风险分析。

在前纺工序，清梳棉作业过程中，容易发生织物火灾并引发中毒和窒息事故；在纱（线）烧毛作业过程中使用燃气，容易引发火灾和爆炸事故。

在织造工序，毛纺行业的洗毛作业中，若酸洗作业时劳动防护用品配备或使用不当，容易发生化学灼伤；麻纺行业脱胶作业容易发生氯气急性中毒事故；化纤纺丝工序中存在火灾、中毒和窒息、烫伤风险；化纤纺丝、集束、牵伸、卷曲、烘干、切断等生产环节存在火灾、中毒和灼烫风险。

（3）染整加工作业主要安全风险分析。

在烧毛工序中，使用天然气、液化石油气等燃气时，管道易破裂，从而导致燃气泄漏，发生火灾、燃气爆炸、中毒和窒息事故。

在印染和漂染工序中，需使用过氧化氢、酸、碱、雕白粉、保险粉等危险化学品，容易发生化学品爆炸、中毒和窒息、灼伤等事故。

在定型工序中，热定型、开幅、烘干等使用燃气，容易发生火灾、燃气爆炸、中毒和窒息事故。

在染色工序中，高温、承压染罐容易发生容器爆炸事故。

4．冶金行业安全风险分析

（1）冶金行业整体安全风险分析。

冶金主要包括炼铁、炼钢、黑色金属铸造、钢压延加工、铁合金冶炼等。广东省炼铁、炼钢一体化企业多为大型企业，主要分布在韶关、阳江、湛江、珠海等市，小型炼钢厂主要分布在河源市、清远市等地。冶金行业工艺流程较长而复杂，使用的设备差别大，劳动强度大，作业环境差。在生产过程当中，主要存在火灾爆炸、高温灼烫、机械伤害、车辆伤害及煤气中毒等安全风险。

2018年2月5日2时56分，宝武集团广东韶关钢铁有限公司独资设立的广东韶钢松山股份有限公司7号高炉发生煤气泄漏事故，事故造成8人死亡、10人受伤。2月9日23时10分，7号高炉1号风口小套发生穿漏喷溅，事故造成1人死亡、3人受伤。2022年2月18日，惠东县华业铸造厂发生炼钢电炉爆炸事故，造成3人死亡、2人重伤、13人轻微伤。

（2）炼铁主要安全风险分析。

在供装料系统中，存在火灾、煤气中毒和窒息、爆炸风险。

在高炉冶炼过程中，熔融金属飞溅或泄漏时容易引发火灾、灼烫事故；当地面有积水，熔融金属遇到水时容易发生爆炸事故；炉壳存在开裂而引发煤气泄漏产生中毒和窒息、爆炸风险；炉体冷却系统容易存在冷供水压力不足或冷却水进入炉内的情况，从而导致灼烫、火灾和炉体爆炸风险。

在热风炉系统中，因热风炉开焊、破裂，或热风炉管道及各种阀门不严密导致煤气泄漏，存在人员煤气中毒和窒息、煤气爆炸的风险。

在富氧系统中，存在因氧气泄漏而导致火灾和氧气爆炸的风险。

在煤气系统中，存在因煤气泄漏而导致火灾、人员中毒和窒息、煤气爆炸的风险。

在煤粉喷吹系统中，存在容器爆炸、火灾以及因一氧化碳泄漏造成中毒和窒息风险。

在渣、铁处理系统中，存在高温铁水或铁渣流出产生火灾和灼烫事故的风险；当高温铁水或铁渣遇到地面积水时容易发生爆炸事故。

在铸铁系统中，存在因铁水流出产生灼烫事故风险；若铸铁机地坑内和铸模内有积水，高温铁水遇水时容易发生爆炸。

（3）炼钢主要安全风险分析。

在炼钢准备阶段，铁水罐、钢水罐、中间罐烘烤系统存在煤气或天然气泄漏从而导致人员中毒和窒息的风险；炼钢原料吊运过程中，高温铁水罐、钢水罐、渣罐因吊车与吊具缺陷、损坏或操作不当，存在灼烫和爆炸风险。

在铁水倒罐、扒渣、脱硫等铁水预处理作业中，存在铁水或高温炉渣喷溅或外溢引发的灼烫和爆炸风险。

在炼钢作业过程中，兑铁水作业存在灼烫风险；加废钢作业和转炉冶炼时，存在高温熔融金属遇水发生爆炸风险；煤气回收作业中存在煤气泄漏产生中毒和窒息的风险；电炉冶炼中，存在电炉冷却水系统漏水入炉产生爆炸的风险；出钢、出渣时存在高温钢水和废渣接触水后产生爆炸的风险。

炉外精炼过程中，存在漏钢、喷溅产生灼烫，遇水发生爆炸的风险。

钢水连铸作业时存在灼烫风险，存在高温熔融金属遇水发生爆炸的风险。

（4）轧钢安全风险分析。

采用燃气加热时，存在燃气泄漏引起火灾、燃气爆炸、人员中毒和窒息的风险。

在轧制过程中，存在灼烫、机械伤害、物体打击风险。

在清洗、涂镀和精整作业中，存在火灾、化学品爆炸的风险。

（5）焦化作业安全风险分析。

在备煤准备过程中，卸煤、取煤、运煤作业存在物体打击、煤堆坍塌、皮带运输机械伤害、煤尘爆炸风险。

在炼焦作业中，存在物体打击、灼烫、火灾、中毒和窒息风险。

在干法熄焦作业中，存在灼烫、一氧化碳中毒风险。

5. 有色行业安全风险分析

（1）有色行业安全风险总体情况分析。

有色行业包括有色金属冶炼和压延加工两大类。金属冶炼多在高温、高压、有毒等环境下进行，危险因素众多，危险性大。特别是高温熔融金属冶炼生产（铜液的温度 1 100 ℃～1 200 ℃、铝液的温度 660 ℃～800 ℃）及起重吊运（运输）过程中的喷溅、泄漏与爆炸、煤气中毒等，容易引发群死、群伤事故。例如，2017 年 5 月 13 日 20 时 15 分，位于四会市南江工业园内的四会市健兴金属制品有限公司熔铸车间在铝棒熔铸过程中发生一起铸造深水井爆炸事故，造成 2 人死亡，2 人受伤。

（2）铜冶炼安全风险分析。

在熔炼过程中，存在高温熔体遇水爆炸的风险。

在湿法精炼过程中，精炼作业存在电解液泄漏引起中毒和窒息的风险；净化作业存在酸雾、砷化氢中毒和窒息的风险。

（3）氧化铝作业安全风险分析。

在生料磨制过程中，石灰炉清理作业中主要存在二氧化碳中毒和窒息风险；料浆配制作业中存在一氧化碳中毒风险。

在熟料烧结过程中，存在中毒和窒息、粉尘爆炸的风险。

在溶出过程中，存在灼烫、容器爆炸风险。

在沉降、分解过程中，存在淹溺和高处坠落风险。

在蒸发过程中，存在灼烫、火灾、中毒和窒息风险。

在焙烧过程中，存在灼烫、火灾、中毒和窒息风险。

在煤粉磨制过程中，存在火灾、粉尘爆炸、一氧化碳中毒和缺氧窒息风险。

（4）电解铝作业安全风险分析。

在电解过程中，铝液灼烫和高温铝液遇水存在爆炸风险。

在熔炼铸造过程中，铝液灼烫和铝液泄漏遇水存在爆炸风险。

在净化过程中，存在天车运行漏电产生触电的风险；在更换收尘器布袋作业时存在有害烟气造成中毒和窒息风险。

（5）铅冶炼作业安全风险分析。

在熔炼过程中，烧结机点火作业存在火灾、灼烫、毒煤气中毒风险，水套补水作业容易造成容器爆炸；熔炼炉开、停炉作业，存在火灾、灼烫风险；出铅出渣作业，存在渣、铅流接触积水产生爆炸的风险，存在水冷件漏水引起容器爆炸的风险；鼓风炉存在容器爆炸风险。

在电解过程中，熔铅作业存在火灾、灼烫风险；铸极板存在火灾、灼烫和铅液遇水引起爆炸风险；氮气包装作业，现场通风不好时存在缺氧窒息风险。

（6）锌冶炼作业安全风险分析。

火法竖罐炼锌作业，采用沸腾炉进行焙烧时，容易发生煤气中毒、火灾和爆炸等事故；采用干燥窑进行制团作业时，容易发生煤气中毒和煤粉爆炸；焦结过程降温塔进塔之前通风不良，容易发生中毒和窒息事故；蒸馏过程容易发生中毒和窒息、灼烫事故，锌液与水接触时存在爆炸风险；精馏过程存在煤气爆炸和煤气中毒风险，锌液与水接触时存在爆炸风险。

火法密闭鼓风炉炼锌作业，烧结过程中存在煤气中毒风险，存在水套缺水产生容器爆炸风险，清灰作业中存在二氧化硫中毒风险；熔炼过程中存在煤气中毒风险，存在锌液与水接触产生爆炸的风险，出锌出渣时存在灼烫、火灾和锌液与水接触产生爆炸的风险；烟化炉电热前床作业中存在灼烫和锌液与水接触产生爆炸的风险，粉煤制备及输送时存在火灾和煤气中毒及爆炸风险。

湿法炼锌作业，在锌精矿备料过程中存在煤气中毒及爆炸风险，在沸腾焙烧过程中沸腾炉存在火灾、煤气中毒及爆炸风险，余热锅炉存在容器爆炸风险；在焙砂浸出过程中浸出反应罐槽存在灼烫和中毒风险，加酸作业存在灼烫和化学品爆炸风险；浸出液净化过程中存在灼烫、火灾和氢气爆炸风险；熔铸过程中存在锌液与水接触产生爆炸风险。

6. 建材行业安全风险分析

（1）建材行业安全风险总体分析。

建材企业主要包括水泥、水泥制品、玻璃（玻璃纤维）、墙材、陶瓷、耐火材料、石墨及其他非金属矿物制品生产加工。广东省建材行业园区企业最多的企业类型是建筑卫生陶瓷制造，其次是耐火材料制品制造和石膏板制造等。建材行业园区主要分布在肇庆市、云浮市、清远市、河源市等地。建材行业生产企业的危险源点主要是涉燃气区域以及各种机械设备引发的机械伤害。

（2）建筑卫生陶瓷制造作业安全风险分析。

在原料加工过程中，破碎机、球磨机作业存在机械伤害和物体打击风险，泥浆池中作业存在机械伤害、淹溺、高空坠落风险，造粒作业中存在燃气火灾和爆炸风险。

在成型作业过程中，存在机械伤害和物体打击风险，喷釉作业存在压力罐爆炸风险。

在烧型作业过程中，存在火灾、燃气爆炸、中毒和窒息风险。

（3）耐火材料制品制造作业安全风险分析。

煤气发生站存在锅炉爆炸风险，原料堆场存在坍塌风险，原料煅烧过程存在一氧化碳中毒风险，成型作业中存在机械伤害风险，干燥与烧制过程中存在灼烫风险。

（4）石膏板制造安全风险分析。

原料输送和成品干燥过程存在机械伤害风险，供热系统存在火灾和导热油爆炸风险。

7. 化工行业安全风险分析

广东省十分重视化工园区安全生产工作，持续开展园区安全风险排查治理以及危险化学品领域专项整治攻坚工作，积极推动企业本质安全水平提升和安全生产标准化建设，进一步落实企业主体责任，加快安全生产基础设施建设、安全生产监管能力建设和应急救援能力的建设和提升，推动危险化学品安全生产形势持续稳定向好。危险化学品事故的起数和死亡人数总体呈下降趋势，危险化学品企业已连续 8 年没有发生较大及以上的生产安全事故。2019 年 1 月到 2021 年 8 月，广东省化工行业发生生产安全事故 29 起，共造成 24 人死亡，其中发生在化工园区内的事故有 10 起，占比 34.48%，死亡 5 人，受伤 13 人。事故类型主要为火灾、爆炸两种类型。发生事故的 9 家企业均为生产企业，其中有 7 家为危险化学品生产企业，占比为 77.78%。另外 2 家企业分别是茂名市润东石油化工有限公司，是一家专项化学品制造的精细化工企业；广东依柯化工有限公司，是一家农药生产企业。10起事故中，8起发生在生产或试生产环节，占比80%，事故原因多为反应失控引发爆炸事故，或操作失控引发火灾、爆炸事故；另外2起火灾事故均是因物料泄漏而引发的，其中，1起发生在储存取样环节，占比10%；1起发生在充装环节，占比10%。10起事故中，7起发生在粤西和粤北，占比70%。有5起发生在茂名市，占比50%，其中4起在茂名高新技术产业开发区，广东中准新材料科技有限公司连续发生2起事故；1起在茂名茂南石化工业园。

（1）火灾爆炸安全风险分析。

化工园区内的企业在生产过程中涉及的原料、中间产品、产品、副产品、废弃物大多是具有易燃、易爆特性的危险化学品，且部分企业已构成危险化学品重大危险源，风险点较为集中，一旦发生泄漏、火灾、爆炸，易造成人员伤亡、财产损毁和环境污染事故，还可能蔓延至相邻企业，引发灾难性的多米诺骨牌效应。现结合广东省危险化学品企业生产工艺特点、储存方式及危险化学品安全特性，将火灾爆炸事故发生的路径和关键节点分析如下：

①事故发生路径。可燃气体散在空气中，或可燃液体蒸发为气态，或固体受热升华成可燃气体，当可燃气体浓度处于爆炸极限范围而遇到一定的点火源就有可能引起爆炸，泄漏往往是火灾爆炸的根源。

②泄漏。泄漏是火灾爆炸事故发生最重要的关键节点。泄漏产生的原因主要有：阀门、法兰密封不严；设备、设施、管线被腐蚀穿孔；设备、设施、管线出现失效开裂；设备、设施、管线质量缺陷；控制系统动作失误；操作失误等。因而加强设备、设施的检测维护，严禁违规操作设备，是防止危险化学品泄漏的重要措施。

③点火源。点火源是火灾、爆炸事故发生的另一个重要节点。点火源主要有明火、静电火花、电气火花、撞击摩擦火花、雷电等；设备、管道、设施等在维修过程中的焊接、切割动火作业等引起明火；易燃液体在输往管道、容器的过程中因流动和冲击产生静电；电气设备防爆性能不符合要求，电气设备老化或接触不良，电线电缆短路等易产生电弧、电火花；生产及维修过程中的机械撞击、构件之间的摩擦等产生火花；建（构）筑物和装置的防雷措施不符合要求或失效时，一旦遭受雷击，可能导致严重的火灾、爆炸事故。因此，控制好点火源是防止化工企业火灾、爆炸的重要

手段。

④多米诺骨牌效应。化工园区生产企业集中，当火灾和爆炸产生的能量足够大、其危害波及范围内存在其他的危险源时，就可能发生火灾、爆炸多米诺骨牌效应。火灾强烈的热辐射可对周边的人和设备造成危害，爆炸的冲击波、抛射破片及热负荷可致人员伤亡，甚至可能导致周边企业发生火灾、爆炸事故。广东省化工园区多，园区内部和周边公共安全保障条件差，化工园区火灾、爆炸多米诺骨牌效应的风险比较高，要重视和防控这一风险。

（2）中毒窒息安全风险分析。

危险化学品大多还具备有毒、有害等特性，在生产、经营、储存、运输、使用和废弃物处置过程中，当有毒物质泄漏到空气中达到一定浓度时，就可能引起中毒事故；若气体大量泄漏则导致氧气浓度低于正常值，就可能引起窒息事故。中毒窒息事故风险比较高的危险化学品品种有：有毒气体，如氯气、氨气、硫化氢；无毒不燃气体，如氮气、二氧化碳；易燃液体，如苯、甲苯、汽油；毒性物质，氰化氢、丙烯腈等。

从历年的中毒窒息事故分析来看，该类事故主要呈现以下特点：一是有限空间事故多。化工企业污水池大多排有含油、含硫、含苯、含酚污水。污水处理系统检维修或清池时搅动淤泥，硫化物被还原时容易产生毒性气体硫化氢，若浓度超标，就容易发生中毒事故；苯类和酚类物质本身就有毒性，一旦吸入可能立马就会中毒。在化工企业检维修过程中，时常涉及进入储罐清扫和维修浮盘、进入塔器设备更换填料和催化剂等，若未认真执行"先通风、再检测、后作业"，极易由于氧含量不足发生窒息事故；如果盲目施救，还很容易造成伤亡扩大。二是高温季节事故多。环境气温升高，生物化学作用加快，物质挥发性增强，为有毒、有害气体产生和积聚创造了条件。

（3）其他安全风险分析。

化工园区的企业定期要进行大检修，大检修期间施工多，点多、面广、线长，交叉施工作业多，存在较大的高处坠落、物体打击、起重伤害、坍塌、触电等事故风险。

8. 其他行业园区安全风险分析

商贸行业以物流业、服装衣物批发市场为主，涉及易燃物质较多，存在火灾事故的风险。烟草行业生产涉及的原料和产品均为易燃物质，故火灾是该行业的主要风险类型。

（四）工业园区重点领域安全风险分析

1. 有限空间作业安全风险分析

（1）工业园区涉有限空间企业数量及分布。

有限空间是指封闭或部分封闭、进出口受限但人员可以进入，未被设计为固定工作场所，通风不良，易造成有毒、有害、易燃、易爆物质积聚或氧含量不足的空间。根据 2021 年各地市上报的工贸行业园区的统计数据，除佛山和惠州两市没有填报有限空间数据外，其他 19 个地市工贸行业园区 31 023 家企业中存在有限空间的企业 2 712 家，占比 8.74%。根据上报的数据，广东省工业园区涉有限空间企业主要分布在东莞、深圳、广州、河源、江门、肇庆等地市，估计佛山和惠州两市工业园区涉有限空间企业的数量也较多。有限空间数量及分布见表 2 - 5。

表 2 - 5 广东省工贸行业园区涉有限空间企业统计表

序号	地市	园区（个）	企业（家）	涉有限空间企业（家）	序号	地市	园区（个）	企业（家）	涉有限空间企业（家）
1	广州市	349	2 976	315	12	汕头市	16	594	18
2	深圳市	107	4 170	234	13	汕尾市	3	57	5
3	东莞市	1 174	13 899	1 480	14	揭阳市	3	65	0
4	河源市	29	608	139	15	中山市	33	1 658	31
5	江门市	74	2 607	95	16	珠海市	4	705	45
6	韶关市	24	701	66	17	云浮市	7	152	14
7	清远市	16	576	76	18	湛江市	11	439	41
8	茂名市	8	236	14	19	肇庆市	14	706	93
9	阳江市	5	318	13	20	佛山市	42	2 716	未报数据
10	梅州市	9	518	31	21	惠州市	263	3 185	未报数据
11	潮州市	2	38	2					

（2）工业园区涉有限空间安全风险分析。

广东省工业园区的有限空间主要包括轻工行业造纸使用的纸浆池，食品加工发酵池、腌渍池、粮仓，机械行业中电子、电镀使用的废液池，冶金、有色、建材行业的窑炉、炉膛、烟道，纺织行业的染缸，化工行业的贮（槽）罐、车反应塔（釜）以及企业普遍存在的化粪池、污水处理池等。有限空间作业主要有进入污水井和发酵池清除、清理作业，进入炉、釜、塔、罐、管道等设备设施进行安装、更换、维修等作业以及进行涂装、防腐、防水、焊接等作业。

广东省工业园区有限空间作业存在的主要安全风险包括中毒、缺氧窒息和燃爆等；引发有限空间作业中毒的有毒气体主要有：硫化氢、一氧化碳、苯和苯系物、氰化氢、磷化氢等；引发有限空间作业缺氧风险的典型气体有二氧化碳、甲烷、氮气、氩气等，当空间内氧含量低于19.5%时人就会缺氧；有限空间作业中常见的易燃、易爆物质有甲烷、氢气等可燃性气体以及铝粉、煤粉等可燃性粉尘，有限空间中积聚的易燃、易爆物质与空气混合形成爆炸性混合物，当混合物浓度达到爆炸极限时，遇明火、化学反应放热、撞击或摩擦火花、电气火花、静电火花等点火源时，就会发生燃爆事故。

（3）广东省有限空间作业典型事故案例。

2021年5月1日，广东省一天内发生了2起有限空间作业中毒窒息事故，一起发生在位于汕尾高新区红草工业园区的汕尾市精新科技有限公司信利半导体有限公司，事故造成4人死亡；另一起发生在广州市番禺区沙湾镇福涌村的威乐工业区的广州威乐珠宝产业园有限公司，事故造成1人死亡、3人受伤。前者是在清洗 EDI 系统纯水箱过程中，由于 EDI 系统处在停机状态，超纯水箱内的氮气沿管道及阀门进入纯水箱，造成纯水箱内氧气浓度降低发生事故；后者是在组织清洗园区污水池时发生气体中毒窒息事故。

2. 涉爆粉尘场所安全风险分析

（1）工业园区涉爆粉尘企业数量及分布。

根据2021年各地市上报的工贸行业园区的统计数据，除佛山和惠州两市没有填报涉爆粉尘企业数据外，其他19个地市工贸行业园区31 023家企业中存在涉爆粉尘的企业有498家，占比1.61%。根据上报的数据，广东省工业园区涉爆粉尘企业主要分布在广州、江门、东莞、中山等地市，预计佛山和惠州两市工业园区涉爆粉尘企业的数量也较多。涉爆粉尘企业数量及分布情况见表2-6。

表2-6 广东省工贸行业园区涉爆粉尘企业统计表

序号	地市	园区（个）	企业（家）	涉爆粉尘企业（家）	序号	地市	园区（个）	企业（家）	涉爆粉尘企业（家）
1	广州市	349	2 976	94	12	汕头市	16	594	0
2	深圳市	107	4 170	15	13	汕尾市	3	57	3
3	东莞市	1 174	13 899	51	14	揭阳市	3	65	0
4	河源市	29	608	16	15	中山市	33	1 658	47
5	江门市	74	2 607	83	16	珠海市	4	705	21
6	韶关市	24	701	36	17	云浮市	7	152	9
7	清远市	16	576	14	18	湛江市	11	439	21
8	茂名市	8	236	26	19	肇庆市	14	706	18
9	阳江市	5	318	7	20	佛山市	42	2 716	无报数据
10	梅州市	9	518	37	21	惠州市	263	3 185	无报数据
11	潮州市	2	38	0					

（2）工业园区涉爆粉尘安全风险分析。

广东省工业园区的涉爆粉尘主要是铝、镁等金属粉尘，另外还有饲料粉尘、木粉尘、树脂粉尘、碳粉等。金属粉尘常存在于金属粉末生产、金属制品加工（切削、粉碎、打磨、抛光等）过程中，木粉尘主要在木板材加工、木质家具加工和打磨作业中产生。

金属粉尘着火敏感性高，大多数金属粉体的最小点火能小于10 mJ。对于超细金属粉体，最小点火能低于1 mJ，具有较强的着火敏感性。高温表面、冲击或摩擦以及静电火花是引发粉尘爆炸事故的常见点火源。着火敏感性较高的金属粉尘很容易在静电火花等点火源作用下着火，引发粉尘爆炸事故。另外，可燃粉尘云相对于可燃气体，其能量密度较高，而金属颗粒又是可燃粉尘中能量密度较高的。金属粉尘消耗1 mol氧气时放出的热量通常是煤尘的3倍。高能量密度的金属粉尘发生着火爆炸后，瞬间产生的巨大爆炸压力、较高的压力上升速率，可导致较为严重的事故后果。

（3）工业园区涉爆粉尘典型事故案例。

2022年3月7日，位于惠州市惠城区横沥镇亚洲创建工业区的丰林亚创（惠州）人造板有限公司，在进行木质燃料仓堵塞检修疏通过程中，发生粉尘爆炸事故，造成2人死亡。

2016 年 4 月 29 日，位于深圳市光明新区公明街道田寮社区第一工业区的广东深圳精艺星五金加工厂的砖槽除尘风道内发生铝粉尘初始爆炸，引起厂房内铝粉尘二次爆炸，事故造成 4 人死亡、6 人受伤，其中 5 人严重烧伤。事故原因是：打磨作业产生的铝粉尘，未经除尘器处理，直接经非粉尘防爆型电机的轴流风机吸入矩形砖槽除尘风道，在矩形砖槽除尘风道内形成粉尘云，轴流风机电机持续负载，电机绕组高温引燃的火花吹入矩形砖槽除尘风道，引起铝粉尘爆炸。

3. 液氨制冷作业安全风险分析

液氨作为制冷剂在食品企业冷库中得到广泛应用，湛江、茂名、阳江、东莞、江门等地市有大量使用液氨制冷的海产品加工企业，涉液氨制冷企业有 93 家。

氨在具有优越制冷性能的同时，其本身的物理化学及热力学性质具有致人中毒及燃烧爆炸的危险特性。当氨在空气中的浓度达到 0.5% ~ 0.6%（$V\%$）时，人员接触半小时即可中毒，浓度超过 0.6% ~ 1.0% 时可能会造成死亡事故。常温下氨是一种可燃气体，较难点燃，但浓度达到 11% ~ 14% 时可以点燃，达到爆炸极限浓度 16% ~ 25% 时如遇明火会引起爆炸，最易引燃浓度为 17%。产生最大爆炸压力时的浓度为 22.5%。

液氨制冷系统包括贮氨器、压缩机、低压循环桶、氨液分离器、蒸发器、冷凝器、节流阀、氨泵、集油器、油分离器、紧急泄氨器以及安全附件、传输管道等多种设备，既有压力容器、压力管道等特种设备，也含常规电气设备。在生产过程中若这些压力容器中的压力大于其最大压力值，则极易导致容器爆炸事故发生，进而引发液氨泄漏、火灾、爆炸、低温冻伤等事故。压缩机常见的风险有：排气量不足、排气温度高于设计值、压力不正常、异常响声、过热故障、液击（水击）等；蒸发器常见风险有：压力不正常、锈蚀、泄漏、结垢、结霜等；冷凝器出现裂痕、结垢、锈蚀、泄漏等现象，结垢会影响冷凝器的换热效果；氨泵及其密封件常见风险有：跑气、冒水、滴液、漏液，轻则引发氨中毒窒息事故，严重时还可能导致火灾、爆炸。

2019 年 4 月 8 日，阳江市权威国际贸易有限公司发生的因氨制冷系统氨泵与压差控制器连接管腐蚀老化而爆裂导致的液氨泄漏事故，就是因为企业设备检查与维护不力、擅自启用未经检验合格的特种设备而导致的。

4. 消防领域安全风险分析

工业园区公共管廊一般会有给园区供热用的天然气管道，有些还会有园区生产需要的易燃气体、易燃液体等原料管道，这些管道发生泄漏，极易发生火灾事故。园区的办公、生活服务大楼，若其配电室、电路常年疏于管理，未定期检查维护，或日常用电不规范，就容易发生电气火灾。另外，公共区域的消防通道被占用，也会给消防安全带米隐患。

第三节　广东省工业园区双重预防机制建设现状

一、广东省工业园区双重预防机制建设基本现状

（一）《广东省安全生产领域风险点危险源排查管控工作指南》

2016 年 9 月，广东省安委会办公室印发《广东省安全生产领域风险点危险源排查管控工作指南》（粤安办〔2016〕126 号），提出了风险排查管控工作的组织分工、风险排查、分析与评级、风险管控以及信息化建设等方面的指导性要求，旨在规范风险排查管控工作的基本工作流程，提高风险排查管控工作的效率和质量。

（二）广东省应急管理厅《冶金、有色、机械、建材、轻工、纺织、烟草行业企业安全生产事故隐患排查治理工作指引》

2018 年 10 月，广东省应急管理厅印发广东省应急管理厅《冶金、有色、机械、建材、轻工、纺织、烟草行业企业安全生产事故隐患排查治理工作指引》（粤应急规〔2018〕1 号），明确了事故隐患、事故隐患排查、事故隐患治理、事故隐患信息、事故隐患档案管理等术语定义；要求冶金等行业企业按照《中华人民共和国安全生产法（2021 年修订）》《广东省安全生产条例（2013 年修订)》及《安全生产事故隐患排查治理暂行规定》等法律法规及标准规范等要求，建立"全员、全过程、全方位"的事故隐患排查治理体系，建立"从企业主要负责人到从业人员层层落实"的事故隐患排查治理责任制，建立"全员参与、全岗位覆盖、全过程衔接"的事故隐患排查治理闭环管理机制，实现事故隐患自查、自改、自报制度化、常态化，并及时发现、及时消除各类事故隐患，保证企业自身安全生产。企业重点从编制事故隐患排查项目清单、制订事故隐患排查工作计划、组织开展事故隐患排查、确定事故隐患等级、开展事故隐患治理、建立事

故隐患排查治理台账六个方面开展事故隐患排查治理工作。

（三）广东省应急管理厅《关于安全风险分级管控办法（试行）》

2019 年 1 月，广东省应急管理厅印发广东省应急管理厅《关于安全风险分级管控办法（试行）》（粤应急规〔2019〕1 号），第六条规定：各类生产经营单位、各类活动组织者（以下简称各类单位）是风险管控的责任主体。各类单位应当采取合理可行的措施，排查、辨识、分析、确认、控制、消除或降低安全风险：

（1）建立风险排查机制，明确风险排查范围，全面排查危险源。

（2）明确风险辨识方法，对排查出的危险源进行识别。

（3）组织专业技术力量进行风险分析，判断事故发生的可能性和危害后果严重程度。

（4）明确风险分级标准，根据风险分析结果评价确认风险等级。

（5）遵循消除、预防、减弱、隔离、警示等原则，采取行政、教育、处罚、保险等手段，科学设置风险控制措施，突出重大风险的有效控制。

（6）常态化实施风险排查、辨识、分析、确认、控制，建立风险清单，根据风险消除或降低情况动态更新风险清单。

（四）《广东省生产经营单位安全生产"一线三排"工作指引》

2020 年 8 月，广东省安委会办公室、广东省应急管理厅印发《广东省生产经营单位安全生产"一线三排"工作指引》（粤安办〔2020〕107 号），要求各地、各有关部门要加强对生产经营单位开展"一线三排"情况的监督检查，指导督促生产经营单位坚守发展决不能以牺牲人的生命为代价这条不可逾越的红线，全面排查、科学排序、有效排除各类风险隐患，牢牢守住安全生产底线，以"一线三排"的实际行动，压实企业安全生产主体责任，深化安全隐患排查治理，坚决遏制重特大事故发生。

其中，"一线"是指坚守发展决不能以牺牲人的生命为代价这条不可逾越的红线。"三排"包括事故隐患的排查、排序、排除。排查是组织安全管理人员、工程技术人员和其他相关人员对本单位的隐患进行排查，并按隐患等级进行登记，建立隐患信息档案的过程。排序是按照隐患整改、治理的难度及其影响范围，分清轻重缓急，对隐患进行分级、分类的过程。排除是消除或控制隐患的过程。

（五）《广东省重大生产安全事故隐患治理挂牌督办办法》

2020 年 7 月，广东省安全生产委员会印发《广东省重大生产安全事隐患治理挂牌督办办法》（粤安办〔2020〕6号），对本地区、本行业（领域）内危险性较大、治理难度较高、可能造成严重后果或较大社会影响的重大隐患治理工作进行重点督促指导，提出明确督办要求，并下达挂牌督办文件，督促下级人民政府和负有安全生产监督管理职责的部门落实监管责任，监督责任主体在规定期限内完成重大隐患整改工作，确保重大隐患得到有效治理。

（六）《关于进一步加强村级工业园安全管理工作的通知》

2022年9月，广东省安委办、广东省应急管理厅印发《关于进一步加强村级工业园安全管理工作的通知》（粤安办〔2022〕148号），规定：

（1）村级工业园在属地县级安全生产委员会办公室、应急管理部门（东莞、中山市为镇街，下同）指导下，可根据园区经营特点，确定由村委会或村集体企业牵头，有关投资人、物业服务人等组成的园区管理单位。园区管理单位要明确安全管理职责，依法对园区的安全生产工作履行统一协调、管理职责，严格执行"一线三排"工作机制，对园区企业定期开展安全生产检查，做到"一园一档、一企一册"。

（2）园区企业不得将生产经营场所转租、分租给不具备安全生产条件或者相应资质的单位或者个人，并应当与承包单位、承租单位依法明确各自安全生产管理职责。各地要把"厂中厂"作为重点整治对象，以镇（街）为单元，建立整治台账，确保安全生产。

（3）园区企业的厂房、仓库停产停用的，在停产停用前应当依法开展安全风险评估并采取持续有效的管控措施。鼓励园区管理单位、有关企业通过设置电子门禁等方式，共同加强停产停用场所安全管理。

（4）园区企业的厂房、仓库停产停用后需复工复产的，要严格落实复工复产"六个一"要求，达到安全条件后方可复工复产。

（5）园区企业应当建立健全危险作业管理制度，企业主要负责人和其他有关负责人等应当依照法律法规和标准履行危险作业审批制度。需进行爆破、吊装、动火、临时用电、有限空间等危险作业时，应当安排专业人员进行现场安全管理，确保操作规程的遵守和安全措施的落实。

（6）园区企业确需进行夜间连续作业的，应当严格执行《中华人民共和国劳动法》等法律法规，采取负责人现场带班等管理措施，防范因疲劳作业导致事故的发生。

（7）加强园区封闭化管理，园区管理单位可建立报备、查验等制度，加强对入园承包承租单位、企业员工和临时施工人员的安全管理，从源头上管控安全风险。

（8）村级工业园不得引进新的危险化学品生产项目，严禁原有危险化学品企业超出规划红线范围的新建、扩建。园区企业使用超出一昼夜使用量的危险化学品应储存在符合安全条件的场所，各类危险品不得与禁忌物料混合贮存，使用涉及易制毒、易制爆危险化学品应依法向当地公安机关报备。园区管理单位发现安全问题的，应当及时督促整改。

以上8条规定又称"园8条"，其补足了对村镇工业园区安全生产风险防控和隐患治理的漏洞和短板，以更具体的措施和要求指导地方管理机构对村镇工业园区防风险、除隐患、遏事故。

二、广东省各地区关于双重预防机制的实践情况

广东省各地区根据自身实际，积极开展双重预防机制实践活动，以下列举了各地的一些实践行为。

目前，深圳市人民政府发布了《深圳市生产经营单位安全生产主体责任规定》（深圳市人民政府令第308号）；深圳应急管理局制定了《深圳市安全风险管控暂行办法》（深应急规〔2020〕1号）。惠州市应急管理局制定了《惠州市化工企业典型"三违"行为目录》（惠应急〔2019〕247号）。东莞市积极推广基层企业的安全管理经验，玖龙纸业有限空间安全管理特色经验得到广东省应急管理厅的推广，并出台了《广东省应急管理厅玖龙纸业有限空间安全管理措施八条特色经验》相关文件。茂名市人民政府发布了《茂名市危险化学品禁止目录（第一批）（试行）》（茂府规〔2020〕1号），茂名市应急管理局制定了《茂名市安全风险分级管控实施细则（试行）》（茂应急规〔2020〕1号）。梅州市安委会制定了《梅州市重大生产安全事故隐患治理挂牌督办办法》（梅市安委〔2020〕9号）；梅州市应急管理局制定了《梅州市安全风险分级管控实施细则（试行）》（梅市应急〔2019〕37号）。珠海市安委会制定了《珠海市一般生产安全事故调查处理挂牌督办工作暂行办法》（珠安委〔2020〕9号）；珠海市应急管理局制定了《安全生产行政处罚信息信用修复暂行办法》（珠应急〔2020〕95号）、《关于加强冬春防疫期间安全培训机构疫情防控工作的通知》（珠应急〔2021〕7号）等。

目前，全国并未有工业园区建立并能够有效运行双重预防机制及体系，只能参照双重预防机制相关办法来建设广东省工业园区双重预防机制。

第三章 广东省工业园区双重预防机制建设准备与启动

工业园区安全双重预防机制是在新的历史时期，根据安全管理的规律和我国工业园区特点总结、提炼出的理论与实践创新。虽然双重预防机制与现有的安全管理实践有着深厚的渊源，但仍存在一系列明显的不同。双重预防机制在系统性、科学性、规范性等方面，较旧有的园区或企业安全管理方式都有明显提升，从而给工业园区的机制建设带来了诸多思想上的困惑和实践上的困难。在进行安全双重预防机制建设过程中，工业园区必须充分认识到其艰巨性和复杂性，必须予以足够的重视。安全双重预防机制建设的启动工作是整个机制建设工作的第一步，是顶层规划，其合理与否直接影响着后续工作的开展。

第一节 双重预防机制建设的一般流程与安排

工业园区安全双重预防机制是根据安全管理规律而提出的系统性管理制度、流程、方法等的集合，其建设要遵循管理机制的一般流程，同时也要结合安全生产标准化中的相关要求展开。在不同的阶段，不同参与主体的责任、工作各有不同，最终完成整个机制的建设任务。

一、双重预防机制建设的一般流程

依照管理中的 PDCA 循环理论①，可将安全双重预防机制的建设过程分成以下 7 个相互连接的阶段：安全双重预防机制的准备与启动、安全双重预防机制建设的规划、年度安全风险辨识与评估（初始/后续）、安全风险分级管控体系建设、隐患排查治理体系建设、安全双重预防机制信息化建设、安全双重预防机制保障机制和优化。这 7 个阶段又可分为 3 个大的阶段：双重预防机制建设的准备与规划、双重预防机制主体建设以及双重预防机制的运行保障。各阶段的关系如图 3 - 1 所示。

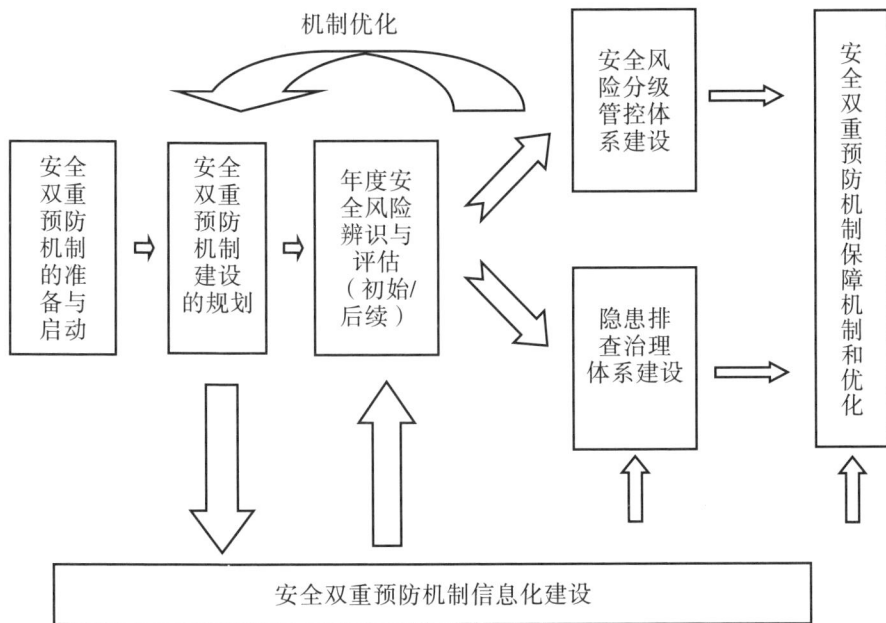

图 3 - 1 安全双重预防机制建设一般流程

整个安全双重预防机制建设工作是一项复杂的、系统性的工作，每一项工作都与前后工作有着紧密的联系。双重预防机制建设的规划对后续工

---

① PDCA 循环理论是美国质量管理专家沃特·阿曼德·休哈特（Walter A. Shewhart）首先提出的，由戴明（William E. Deming）采纳、宣传，获得普及，所以又称戴明环。PDCA 循环是指将质量管理分为四个阶段，即 Plan（计划）、Do（执行）、Check（检查）和 Act（处理）。这一工作方法是质量管理的基本方法，也是企业管理各项工作的一般规律。

作和信息化建设提供了指导，界定了后续工作的思路、方法和内容范围等。安全双重预防机制信息化建设应支持年度风险评估、风险分级管控和隐患排查治理双重机制的运行，还应将安全双重预防机制保障机制内化到信息系统流程之中，支持保障机制在企业内部的顺利运行，确保保障机制与安全双重预防机制的流程有效整合。根据安全双重预防机制的运行情况和信息化工具的反馈信息，工业园区可以对从规划开始的整个机制运行和建设过程、结果进行不断调整、优化，实现整个双重预防机制的持续改善，确保其生命力。

二、双重预防机制建设的步骤

做任何复杂性的系统工作之前，都必须对工作的全局有一个较为准确、宏观的理解。因此，工业园区安全管理人员应从整体上把握园区双重预防机制建设的七步流程所包含的主要工作，以便后续能够进行科学合理的顶层规划和工作安排，确保所有的工作能够形成一个有机整体。

1. 安全双重预防机制建议的准备与启动

准备与启动阶段是整个安全双重预防机制建设的开始，包括领导决心和前期工作准备等。决心下达主要是工业园区领导就双重预防机制建设与否以及范围、阶段等，在本园区内部达成一致，并向全体员工传达的过程。

前期工作指的是工作正式开始前必须要完成的工作，主要是相关资源的准备（如人和物方面的前期准备）。人员方面主要是考虑需要哪些人参与到这个工作中来，如何去找到这些人；物的方面主要是工作资源和信息资源，后者更重要，但也可以只列出目录，待机制建设工作正式开展后再详细展开。工作资源包括工作场所、设备以及相关的政策等；信息资源如园区现有的安全管理流程，考核制度，上级单位相关的规定，国家和省、市正在执行的安全管理法律、法规、标准、文件等。

2. 安全双重预防机制建设的规划

安全双重预防机制建设的规划主要是明确工作所需的人员、各个参与者的责任以及整体建设思路和方法等。其中人员确认方面，要明确人员的来源和要求，尤其是工业园区各类管理人员的组成和来源；整体建设思路和方法是本部分的关键。

整体建设思路是对安全双重预防机制建设要达到什么样的目标、如何去做等方面的一个总体原则，包括安全双重预防机制设计的目标、基本原则、建设逻辑、阶段工作等。整体建设方法是对本园区内的安全双重预防机制中的风险与隐患关系进行划分、对风险辨识任务进行分配等。整体建设方法的关键可以说是一种关于如何开展建设工作的具体顶层设计，即在明确风险与隐患关系的基础上，制定风险辨识的逻辑方法。

风险辨识的逻辑方法是指风险辨识时用什么样的基本逻辑划分辨识的范围，以确保所有的风险不重复、不漏项，实现有效辨识，同时要便于组织、便于管理。显然，这个工作的关键在于工业园区领导层，而不是具体的体系建设人员。风险辨识的逻辑方法对于基础风险数据库的质量非常重要，直接影响前期工作的效率和效果，影响员工对于整个安全双重预防机制建设的信心和热情。而当前很多园区对于这个问题没有足够的重视，往往会造成后续工作的被动。

3.　年度安全风险辨识与评估

年度安全风险辨识与评估是双重预防机制建设的重要常规工作，也是所有工作的依据。年度安全风险辨识的工作应基于一个年度安全风险数据库。工业园区刚开始建立安全双重预防机制时，往往没有这个风险数据库（与隐患数据库有所不同），因而应首先建立初始年度安全风险数据库。

初始年度安全风险数据库的建立是一项比较复杂的工作，耗时耗力，很多园区可能需花费2～3个月的时间才能完成。该工作的质量和效率一方面取决于员工的素质和对安全风险辨识方法的掌握程度，另一方面取决于园区对风险辨识规划的科学性、合理性。一般而言，初始年度安全风险数据库往往会经过2～3轮的审核和修改才能成为园区所有安全工作的基础。

风险评估是安全风险辨识的重要工作之一。风险评估的方法很多，每一种评估方法各有其特点。在实践中，为了保证数据的可靠性，既可以根据相关的标准、文件确定，又可以由多个专家进行综合评定。

4.　安全风险分级管控体系建设

安全风险分级管控体系是双重预防机制的核心之一，也是最体现其管理创新的关键内容。安全风险分级管控体系建设可以从体系建设维度和业务流程维度分别进行规划，如图3-2所示。

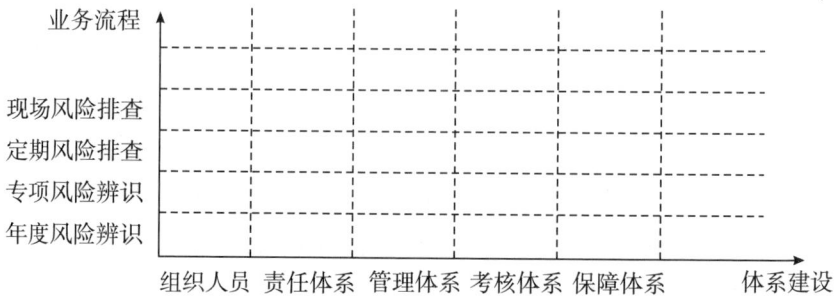

图 3 - 2   安全风险分级管控体系建设与业务流程

从体系建设角度来看，主要包括组织人员、责任体系、管理体系、考核体系和保障体系 5 个主要方面；从业务流程角度来看，主要包括年度风险辨识、专项风险辨识、定期风险排查和现场风险排查 4 个方面。从整个体系建设角度来说，对于每一个二维表格中的内容都应该有对应的内容，且涵盖不同的专业和部门，并最终形成一个相互影响、相互支持的有机整体。

5. 隐患排查治理体系建设

隐患闭环管理是传统的安全管理措施之一，也是防止隐患向事故演变的最后防线。安全双重预防机制中的隐患排查治理与常见的隐患闭环管理在根本上是一致的，如强调基层、强调全员参与、强调闭环等，但也存在一些重要的区别。例如，安全双重预防机制下，隐患排查治理要求系统化，要求按照不同等级分别开展，要求重大隐患或治理不力的隐患的督办和升级处理等。与安全风险分级管控体系建设类似，隐患排查治理体系也可以从体系建设维度和业务流程维度分别进行规划，如图 3 - 3 所示。

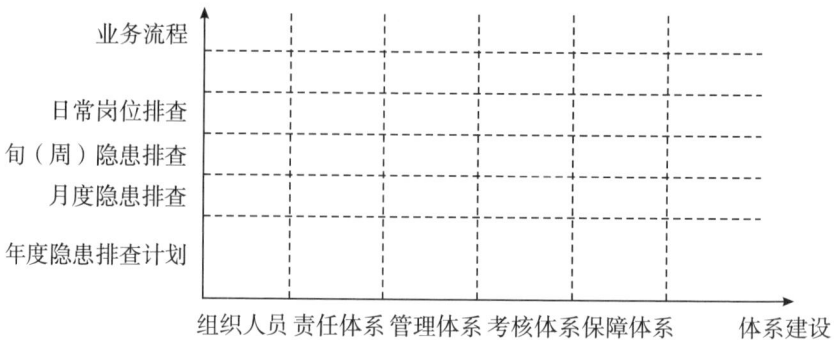

图 3 - 3   隐患排查治理体系建设与业务流程

体系建设维度与风险分级管控体系类似，但业务流程梳理为年度隐患排查计划、月度隐患排查、旬（周）隐患排查、日常岗位排查4个方面。

除了年度排查计划，任何一个隐患排查业务都应该包括发现重大隐患时的挂牌督办和隐患升级制度与流程。另外，在隐患排查治理的任何一个业务流程类型中，也涉及多个不同的部门和专业，必须要实现全覆盖。不同时间段的排查工作应前后衔接，并与年度隐患排查计划形成呼应关系。显然，安全双重预防机制中的隐患排查治理与现行的隐患闭环管理有一定区别，更加强调系统性。

6. 安全双重预防机制信息化建设

信息化建设是企业管理思想、方法落地执行的最有效手段之一，是管理的使能器和放大器。在安全生产标准化中，也明确要求在双重预防机制建设中采用信息化手段。

园区安全双重预防机制管理信息系统是园区安全管理信息系统的一部分，其建设过程遵循管理信息系统建设的一般规律，主要包括需求调查分析、软件开发与测试、系统初始化与试运行等。由于管理信息系统开发的专业性，工业园区一般需要与外部专家或信息技术公司共同开发。管理信息系统项目开发管理是工业园区必须重视的重要工作。此外，由于一些园区或企业所在地的政府管理部门、监管部门或所在集团公司安全管理部门的要求，园区会有数据联网共享的需求，则需在信息系统开发之初，在系统规划时便予以考虑，否则后期会带来诸多的困难和增加无谓的成本。

在进行安全双重预防机制管理信息系统建设时，应注意与本园区安全管理的流程、制度等紧密结合，以确保最终的管理信息系统和园区安全管理实践能够紧密结合，真正成为工业园区离不开的安全管理工具。

7. 安全双重预防机制保障机制和优化

任何一种管理思想、方法在组织内部落地时，都必须要有相关的保障机制跟进才能确保达到理想的效果。保障机制分成几个不同的层面：从思想层面来说，园区管理者和技术人员、普通员工必须理解安全双重预防机制的意义和重要性，积极主动参与到体系建设和运行中来；从组织层面来说，必须按照体系建设和运行要求，指定专门或兼职的人员；从管理基础层面来说，园区必须要有前期的安全管理规范实践和经验、数据积累等；从管理制度层面来说，园区必须制定保证和督促员工在日常工作中执行安全双重预防机制的制度和流程（即考核机制），确保其能够在园区基层管理中落地；从系统性层面来说，安全双重预防机制的落地不仅仅是某方面或某一个部门的工作，而是需要统筹各方的力量，形成合力。

优化主要是指双重预防机制和企业管理实践的结合和不断改善。一方面是风险数据库的不断完善和优化，另一方面是对双重预防机制运作流程、管理制度等根据运行情况进行评审，并根据评审结果对运作流程、管理制度（尤其是考核管理制度）等进行调整，同时将调整的流程和管理制度及时固化到管理信息系统之中。当园区双重预防机制运行一段时间后，管理信息系统中积累了足够的数据，工业园区便可以通过对数据的分析、挖掘，对园区的安全管理和体系运行情况等进行更深入的优化。

上述 7 个方面的建设工作在园区中实施时，根据工业园区的目标、基础和合作伙伴能力等的不同，所需要的时间亦不同。如果园区领导重视，已初步建立安全管理体系，管理基础又比较好（如已经建立安全标准化体系），大约需要 3 个月；否则有可能需要 6 个月甚至更长。建立好双重预防机制后，一般还需要试运行一年左右，以针对实际运行情况进行调整。

通过上述 7 个方面的努力，工业园区可以在本园区内部形成一个可运行的、涵盖 PDCA 流程的持续改善机制，不断推动园区的安全双重预防机制建设及实践水平的深入。

三、双重预防机制建设中企业的关键工作

在工业园区中建立双重预防机制涉及的范围很大、工作繁多，其中有些工作实施起来有较大的难度，但对于整个体系建设具有重要的支撑意义。对这些关键性的工作尤其需要予以重视。

1. 初始风险数据库的辨识

初始风险数据库是工业园区安全双重预防机制运作的基础。然而风险数据库的辨识需要较高的理论水平和较强的技术素养，工作量也非常庞大。具体辨识的顶层设计、辨识的内容、各个项目的辨识方法（尤其是风险等级）、辨识人员的组织和管理、辨识结果的审核等，都给园区的体系建立工作带来了挑战。

2. 双重预防机制与工业园区现有安全管理制度的融合

双重预防机制的关键重在落实。如果园区完全抛开自己长期运行的安全管理方法、流程、制度等，可能会遇到员工难以理解、操作不习惯等情况，甚至产生严重的抵触情绪。在这种情况下，园区期望双重预防机制在工业园区内部能够长期运行是非常困难的，更遑论不断优化。安全生产标准化中也没有要求单独建立双重预防机制的制度和流程等，强调的也是与园区现有制度的融合，在工业园区中有效落地。因此，工业园区必须全面梳理自身与安全有关的管理制度、流程、方法等，按照双重预防机制的要求重新体系化，实现新体系的可操作、可运行。

3. 双重预防机制的考核体系

双重预防机制的关键在于落地，这就需要工业园区相关考核机制的跟进，尤其是双重预防机制长期的落地和优化，考核机制更是关键，在建立双重预防机制流程等之前，园区显然不可能制定考核体系。因此，在建立双重预防机制后，园区必须根据体系运行可能出现的问题，制定有针对性的考核体系，督促员工在日常工作中实现对双重预防机制的贯彻。考核体系必须合理、明确、完善、便于操作，且需要最高领导的坚决支持。

4. 双重预防机制管理信息系统的设计、开发与实施

信息管理手段是安全生产标准化中对双重预防机制的明确要求之一，也是体系建设中的重要组成部分之一，既是重点，也是难点。双重预防机制重在落地，而管理信息系统集思想、方法、流程、制度等于一体，因此，管理信息系统建设是园区推动双重预防机制建立的关键措施之一。可以说，无论是机制的运行流程还是考核流程，离开了一个强大的管理信息系统的支持，都会事倍功半。双重预防机制管理信息系统的开发，需要对体系的内涵和要求有深刻的理解，同时还必须对本园区的安全管理流程等非常熟悉，对于管理信息系统本身也需有一定的经验，因而开发难度非常大。一般情况下，园区可以与外部专业机构合作开发。

5. 工业园区中建立全员重视、全员参与机制建设的氛围

安全管理的最高境界就是文化管理。在体系建设阶段，工业园区内部形成全员重视、全员参与机制建设的氛围，才能确保所设计的体系、所开发的管理信息系统能够与园区实际情况很好地吻合，才能得到员工的支持，

才能在日常的生产活动中得到贯彻。在当前制造业经济形势普遍下滑的背景下，企业安全文化建设的难度更大，很多园区在进行双重预防机制建设时，存在员工不理解、不重视、不以为意的情况，甚至还存在抵触的情绪，这对于双重预防机制的建设，尤其是运行和贯彻，具有明显的阻碍作用。

园区安全双重预防机制建设几乎对于每一个工业园区来说都是一项需要探索的、重要的工作。7 步流程是一个普遍性的流程，不同园区结合自身的特点，会有所增加或调整，但这七步流程体现了双重预防机制建设的内在规律性。园区在进行体系建设前，应提前做到对工作内容和步骤心中有数，这样才能根据流程科学规划时间和资源，确保双重预防机制体系建设工作的顺利开展与成功。

第二节　双重预防机制的决策与准备

双重预防机制的决策与准备是整个工作的最初始阶段，核心任务是下决心在园区内部进行双重预防机制建设，并做好整个项目开始前的规划和准备。本阶段的任务主要由园区领导，尤其是园区主任和安全分管主任完成。

一、双重预防机制建设的决策

双重预防机制是新时期安全管理的创新，也是安全生产标准化中的强制要求，国家各级政府主管和监管部门都对其非常重视，甚至提出要求明确的安全管理任务。虽然其理论和实践意义都非常重大、法律法规要求都非常明确，但在当前制造业整体不景气的环境下，一些工业园区仍然没有真正认识到安全双重预防机制在本园区建设的重要性。

思想上没有认识到双重预防机制的重要性，在实践中则很难重视，更难执行到位。工业园区没有认识到双重预防机制重要性的原因有很多，既有客观方面的，也有主观方面的，因而，当前工业园区安全风险仍不容忽视。

上述客观情况是一些园区对安全放松警惕，甚至忽视的重要原因之一。除了客观原因，主观原因在一定程度上也存在。在不同园区中存在两种截然不同的声音：第一种声音认为当前企业安全管理非常好，说明现在的安全管理方法是合理的、措施是得力的，那么就不需要再进行调整；第二种声音则认为双重预防机制没什么新意，只是对园区的瞎折腾，反而干扰了园区的日常安全管理。这两种思想看似差别很大，其实本质都是对安全工作麻痹大意，思想上出现了自满和懈怠的情绪。

工业园区应坚决杜绝上述思想，要充分认识到双重预防机制的价值和意义，充分领会各级政府部门的决心，从而坚定自身建设双重预防机制的决心。双重预防机制建设决策的契机都在园区的高层管理人员，并最终在园区上下达成共识。一般而言，双重预防机制建设决策包括以下几个阶段。

1. 领导层对双重预防机制的学习和领会

双重预防机制是对我国多年来安全管理理论与实践的一次总结提升，一些基本思想、方法等与现有的常见安全管理方法有较大差别。因此，园区领导层，尤其是园区主任，必须要对双重预防机制的相关知识进行深入学习，掌握双重预防机制的内涵和机理，从而从内心真正了解、认同双重预防机制的理念和方法。只有领导充分认识和理解，才能将理念传达给员工，才能在具体工作建设中提出科学、合理的要求。

2. 领导层内部对双重预防机制建设的主要内容达成一致

通过相关学习和培训，园区领导层对于双重预防机制取得了一定的认识，但每个人的认识可能各有不同。因此，园区主任应根据园区的实际情况在领导班子内部就双重预防机制建设的主要内容、范围等达成一致。安全工作涉及全局，如果无法取得每一个部门主管领导的理解和支持，未来的双重预防机制建设工作可能会遇到各种各样的阻力，最终运行也会受到极大的限制。

3. 主管领导对双重预防机制建设形成初步设想

基于领导集体对双重预防机制建设的主要内容、范围等达成的一致意见，主管领导应形成工业园区双重预防机制建设的初步构想。这项工作一般由园区安全分管主任负责，常见的工作内容包括以下方面。

（1）双重预防机制建设的时间。主要是双重预防机制的启动时间，大致的截止时间等。这里的起止时间是一个大致的预期，并不是准确的计划。

（2）主管部门和协助部门。主管部门一般是安全部或安环部，协助部门主要是体系建设和运行最主要的几个负责部门。

（3）风险辨识的基本思路和方法。这部分考虑的结果涉及后续工作方法、效果等，务必重视。虽然不同园区可以采取不同的风险辨识思路和方法，但园区主管领导应了解各种方法的优缺点，有一个明确的意见。该项工作可以只提供一个参考思路和方法，正式开始建设时再进行详细讨论、确定。

（4）对现有资源的利用程度。主要是园区现有的危险源、风险的辨识数据、现有的安全管理资料等，要决定是否利用现有资源，利用哪些资源。利用现有资源越多，工作量就越小，但受现有工作质量、合理性等的制约就越大。这里的权衡需要主管领导予以反复考量。

（5）是否要考虑与园区现有的安全管理制度融合。安全双重预防机制并不是要求在现有的安全管理制度、方法之外另外搞一套，而是应和现有的安全管理制度形成一定的融合，以确保将来该机制能够在园区内部得到有效的贯彻。但这并不是说园区现有的安全管理制度等都是不需要调整的，对于和双重预防机制思想、方法有冲突、重复等的内容，需要予以调整；对于原来管理方法中复杂不便、员工有意见的地方，应予以优化或删改。主管领导应对哪些制度和方法予以保留，哪些予以整改等，有一个初步的设想。

（6）是否要寻求合作单位，如果有合作单位，应如何选择等。双重预防机制建设需要对机制的内涵、理论体系等有较准确的理解。另外，无论是信息系统建设或考核体系建设等，都需要借鉴其他园区的经验。因此，外部专家在机制建设过程中尤其重要。如果园区安全管理实力不是特别强，可以考虑与外部专家合作。当前外部专家来源不一，对双重预防机制的理解程度亦不同，因此主管领导需要对此有一定的了解才能做出较为合理的选择。

4. 最高领导签发文件，在园区内部进行双重预防机制建设

主管领导根据工业园区的总体思路，拿出体系建设的大致设想后，园区主任需要对主管领导的体系建设设想进行合议。一旦合议通过，园区主任应通过签发园区文件的形式，如《某园区管委会开展安全双重预防机制建设的通知》。下发文件在园区内部明确要求进行双重预防机制建设，并

对机制建设的目标、方法、人员、范围、时间等作说明。

不同园区的实际情况差别巨大，领导的认识水平和角度也各异。因而对某个园区而言，其建设工作并不是需要依次经历每个阶段，也并不都是从第一个阶段开始，但最终都应以下发文件的形式予以明确。需要指出的是，园区领导层尤其是主管领导对双重预防机制的理解到位与否、对双重预防机制建设重视与否，都是影响工业园区双重预防机制建设成败的关键因素。

二、双重预防机制建设的范围与节奏规划

工业园区下发《某园区管委会开展安全双重预防机制建设的通知》后，主管该工作的领导，如园区安全分管主任就应对双重预防机制建设的具体范围和节奏等拿出具体的规划。这个规划应是在前述达成一致的初步设想基础上进行的细化，也是对《某园区管委会开展安全双重预防机制建设的通知》中一些要求的具体阐释。一般而言，该部分工作可从建设阶段和部门/产业两个角度进行划分，如图3-4所示。

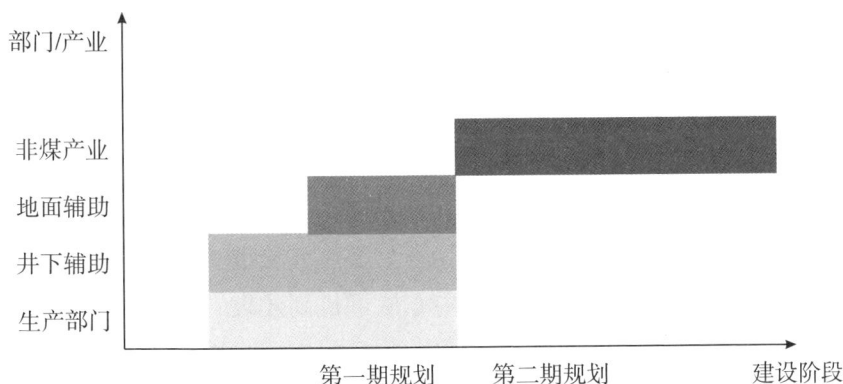

图3-4 双重预防机制建设范围与节奏规划

图3-4只是提供了一个规划方法框架，如果园区规模较小，业务较为单一，则可以直接将所有部门直接纳入双重预防机制建设工作中。图3-4中的框架只是一个参考，并不是所有园区都应严格按照上述框架进行。

除了上述总体规划，主管工作领导还应对第一期规划的内容作进一步的细分，大致确定每一阶段的工作和时间节点。常见的具体内容可划分为：

风险初始辨识、风险初步辨识审核与修正、风险分级管控体系、隐患排查治理体系、考核机制与流程设计、双重预防管理信息系统建设等。其中风险分级管控体系和隐患排查治理体系可以并行，其他各项工作则有较明显的逻辑关系。在设计双重预防管理信息系统时，可以将考核纳入，也可以不将考核纳入，在安全生产标准化中并没有明确要求。如果不纳入考核，则双重预防机制管理信息系统的通用性较强，与园区的安全管理实践结合度一般，可以将规划与建设工作置于考核机制与流程设计之前进行；如果纳入考核，则双重预防机制管理信息系统的个性化较强，其规划与建设工作就应在考核机制与流程设计之后进行。

三、双重预防机制建设的宣传与动员

工业园区发布了《某园区管委会开展安全双重预防机制建设的通知》，确定了建设的总体规划后，就应开始在园区内部进行充分的动员与宣讲，使每一个员工都能够了解双重预防机制的意义、基本方法和流程等。毕竟，双重预防机制在园区的贯彻落实，需要每一个员工的参与和配合。安全管理从来都是一个全员工程。

宣传与动员包括从上到下的专家宣讲和从下到上的员工学习两方面，二者同样重要。

1. 专家宣讲

专家宣讲主要是从权威角度向员工讲述双重预防机制的来源、内涵、机理、标准、流程、所需做的工作等。专家宣讲的主要目的是让员工能够认识到双重预防机制的重要性，从内心认可机制建设，从原理上了解其究竟是什么以及该如何做。凡是有利于上述目标实现的宣讲人员、内容、形式等，都可以在专家宣讲工作中予以采纳。宣讲的专家可以是来自园区内部的管理人员，上级单位的安全管理专家、领导，政府和高校、科研院所的专家等。

2. 员工学习

员工学习是一种从下到上的过程，通过员工对双重预防机制的学习，督促员工主动或被动了解自身在机制建设过程中应做什么样的工作，双重预防机制建设对自身有什么样的影响等。员工学习的目的是确保员工真正了解双重预防机制的重要性、内在机理以及自身应该如何做。凡是有利于上述目标实现的活动或形式都可以采用，而不仅仅是传统意义上的集中学习。常见的宣传牌板和广播等，都是非常有效的手段。

宣讲与动员是正式启动双重预防机制建设的一个重要阶段，否则在未来机制建设过程中难以取得员工真正的支持，也难以在企业日常工作中落实和体现。

第三节　双重预防机制外部专家组的引入

双重预防机制的内容与园区现有的安全管理思想、方法、手段等都有着千丝万缕的联系，也是来源于包括工业园区在内的安全管理实践，因而一些园区对其有似曾相识之感。然而在具体实践过程中，不少园区又感觉似是而非，对其具体建设过程觉得难以把握。在这种情况下，园区在充分调动自身力量的同时，也可以适当引入部分外部专家，使其在一定程度上支持或参与工业园区的双重预防机制建设。

一、双重预防机制建设中外部专家的作用

随着市场经济的不断深入发展和知识经济的迅速扩展，外部专家在越来越多的园区、越来越多的工作中起到了积极的作用。双重预防机制对于园区而言是一个较新的课题，外部专家的引入也是很多园区在机制建设工作中所采取的一项重要措施。

1. 使园区快速了解双重预防机制的知识，确保园区双重预防机制建设的科学性和准确性

无论是来自哪里的外部专家，工业园区所聘请的都是在双重预防机制理论研究、检查评估和实践中有着丰富经验的专家，其所具有的专业知识和经验，可以快速提升园区对双重预防机制的理解，能够使园区迅速、准确地了解双重预防机制的相关知识，从而确保工业园区在进行双重预防机制建设过程中保持正确的方向。由于很多园区受限于自身长期实践经验等，

外部专家知识所带来的冲击对于双重预防机制的建设有着非常重要的意义。

2. 以外部专家的身份，客观评价工业园区当前管理现状

协调双重预防机制建设过程中出现的问题，易取得各方认同。双重预防机制与园区现有的安全管理模式、方法等存在一定的区别，在某些园区中，这种差别还较大。因此，园区要建设双重预防机制，就必须要对现有的安全管理现状做出准确的评价，并根据双重预防机制的要求，对管理思想、方法、制度等作出调整。显然，这种调整在园区内部势必会遇到各种各样的困难。外部专家以独立方的身份出现，与各方均无利益关联，因此外部专家的方案更易于取得各方的认同，从而减少双重预防机制建设过程中可能出现的阻力。

3. 以专家身份，为工业园区双重预防机制建设提供咨询服务和解决方案

双重预防机制有其特定的内涵、思路和方法，外部专家以其自身的专业知识和经验，能够提供更为专业的咨询服务和解决方案，从而大幅度降低了工业园区双重预防机制的建设难度，节约了前期摸索的时间。

从座谈、讲座到管理咨询、管理信息系统开发等，虽然外部专家的参与程度不同，但外部专家的参与对上述环节的促进作用，都能够在相应程度上达到不同的效果。

二、双重预防机制外部专家的来源与选择

外部专家的来源主要包括 4 个方面，涉及高校、企业、研究机构和政府等。

1. 对双重预防机制有研究的安全管理学者

双重预防机制是安全管理理论和实践的最新创新成果，虽与现有安全管理思想、方法、体系、标准等有密切的联系，但仍具有鲜明的特色，具有自身的概念、框架、方法等体系。安全管理学者的主要工作就是理论研究，对于双重预防机制理论层面的理解更加深刻准确，有助于工业园区理清基本概念，扫除一些思想上的困惑。

2. 对安全管理有丰富经验的实践专家

双重预防机制并不是独立于所有安全管理体系、方法之外的一个全新

的方法体系，也不是要在园区中另起炉灶，完全抛弃现有的、好的安全管理方法。因此，园区需要了解自身的安全管理方法和特点，学习如何与双重预防机制结合，并借机制建设之机，对自身的安全管理方法进行梳理和提升。这样就需要在安全管理方面有丰富经验的实践专家，讲解不同园区的管理方法如何与双重预防机制相结合，为自身工业园区的机制建设提供参考。

3. 已建设双重预防机制的外单位专家

双重预防机制建设有其特殊性，很多园区对此存在各种各样的困惑。因此，借鉴已经建成双重预防机制的园区的经验、教训，对于工业园区未来双重预防机制的建设有着重要意义。一般而言，园区可以通过各种渠道，了解行业内较为出色的双重预防机制建设单位，积极邀请这些园区的专家参与座谈和讲座。在工业园区双重预防机制建设工作中，这类专家的重要性最高。

4. 政府或其他双重预防机制检查评审专家

虽然园区建设双重预防机制的根本目的是提升工业园区的安全管理水平，但满足园区安全生产标准化和各级政府落实双重预防机制文件的相关要求，也是工业园区的重要目标之一。同时，安全生产标准化和一些政府的考核文件，对于双重预防机制的细节也有明确的规定，对于工业园区的双重预防机制建设是不可忽视的重要依据。政府和检查评审专家的参与，对于工业园区双重预防机制建设的方向正确性，有着重要的保证意义。

三、外部专家与工业园区内部员工的关系

虽然外部专家在双重预防机制建设中的作用非常重要，但园区双重预防机制的建设主体仍然是工业园区内部员工，尤其是工业园区安全管理工作人员。在机制建设中应以工业园区员工为核心，外部专家发挥咨询、建议、审核、查漏补缺等作用。因此，在园区建设双重预防机制工作中，园区应避免两种不正确的倾向：第一种是忽略外部专家意见，坚持自己的看法。有些园区认为自身在安全管理方面有着充分的经验，对于外部专家的意见并不重视，有时甚至抱抵触态度。这种现象在一些安全管理水平很高的园区中不同程度地存在，往往会给后续工作带来负面影响。第二种是完

全依赖外部专家，希望所有工作都由外部专家完成。这种倾向往往在小园区或安全管理人员数量和素质不足的情况下表现突出。外部专家可以按照园区安全生产标准化的要求进行规范化建设，但无法将工业园区特色的安全管理方法与双重预防机制有机融合。

因此，在机制建设过程中，园区应树立以自己为主的思想，积极利用外部专家的专业知识，保证工业园区的双重预防机制建设工作能够准确、按时地完成。

四、外部专家的主要工作

根据外部专家的优势和园区对外部专家的定位，在整个双重预防机制建设过程中，外部专家的工作主要体现在以下几方面。

1. 双重预防机制理论与方法培训

机制培训分为集中培训和分组培训，集中培训安排半天即可，主要介绍双重预防机制的产生背景、特点、目标、构成、运行模式等，集中培训内容要尽可能简单易懂。集中培训采用分小组培训的方式，分为风险管理小组、隐患排查治理小组、内部审核小组、信息系统小组、保障小组等。分组培训内容应包括相应部分的内容概览、实施步骤、案例文件。

2. 协同完成双重预防机制与工业园区安全管理方法的融合

工业园区安全管理方法与双重预防机制融合是其在工业园区落实的关键之一。外部专家可以与工业园区专家一起，梳理园区现有的安全管理思想、方法、制度，共同设计出一个体现自身特点的双重预防机制框架，从而保证工业园区安全管理的延续性，如安全内部市场化方法、手指口述法①等；研究如何将这些方法在风险管控和隐患排查治理等环节有效应用，提高双重预防机制的运行效果。

---

① 手指口述法，源自日本的"零事故战役"。日本在经济高速发展的同时，工作现场的死亡人数也曾逐年增加，1961年最高峰时达到6 700多人。为了有效遏制这种局面，日本自1973年起推行"零事故战役"，旨在解决工作现场职业健康和安全问题，实现工作现场"零事故"和"零职业病"。其实施采用手指口述法，即对操作程序和安全规程做到边口述、边用手指出、边操作，脑、口、手协调，确认安全操作。至2003年，日本的工作现场死亡人数减至1 628人。

3. 风险数据库的成果审核

风险数据库是双重预防机制的基础，也是风险管理的核心。风险辨识与评估的工作量庞大，专业性强，园区参与该项工作的员工对此经验不足，虽然经过培训，但仍然存在成果质量参差不齐的情况。因此，外部专家的一个重要任务就是对园区所形成的风险数据库从规范上进行审核，确保所有的风险数据都规范、合理，为后续工作奠定科学基础。

4. 双重预防机制管理信息系统的开发和培训

双重预防机制管理信息系统建设有其特殊性，与园区人才的优势存在一定的偏差。因此，为了确保开发出理想的双重预防机制管理信息系统，降低成本，保证时间进度，很多园区会选择寻找外部提供商。无论双重预防机制管理信息系统的外部提供商来自哪里，都会负责对管理信息系统的软件开发、安装、数据初始化、用户培训以及优化等工作。

5. 双重预防机制考核与支持体系建设咨询

建立双重预防机制的关键在于其能在日常管理中得到运行。显然，仅仅提出应如何做的流程、制度等，并不能保证所有员工都按照规范执行，园区必须制定相关的考核制度和支持体系等。这方面也可以借用外部专家经验丰富的优势，提出适合企业现状的考核机制，制定完整的支持体系，确保双重预防机制中的各项规定均能够体现在每一个员工的日常工作中。

需要强调的是园区对外部专家的定位问题。园区寻求外部顾问和专家的协助，不外乎希望借助他们的专业，解决园区在双重预防机制建设过程中遇到的各种疑惑和困难，小至某个概念模糊的问题，大至管理信息系统开发、考核制度流程建立等。但园区应明确的是，外部专家在整个双重预防机制建设过程中应是一个辅助的作用，那种专家可以替园区解决所有问题的期望是不切实际的。园区寻求专家的协助，如同一般人生病去看医生一样，医生诊断后，给予一些建议和药方，之后，还得靠病人自己去采纳建议和按药方吃药，病才会痊愈。同样，专家可以给予园区建议和解决方案，但很多工作仍得靠园区自己去做。此外，不同的专家能提供给企业的帮助也不太一样。因此，园区除了理清自身双重预防机制建设的思路和难点外，挑选合适的外部专家也是关键所在。

第四节　双重预防机制建设的领导与支持资源

园区建设双重预防机制会涉及每一个主要部门，也会牵扯到每一个员工的切身利益，因此必须要有坚强的领导和足够的资源投入。这既是机制建设本身的需要，也是满足园区安全生产标准化要求的必要措施。

一、双重预防机制领导小组的职责

在《企业安全生产标准化基本规范》（GB/T 33000—2016）中，对领导小组有明确的要求。以"机构和职责"为例，在该部分的"主要负责人及管理层职责"条目中有以下规定：

（1）企业主要负责人全面负责安全生产和职业卫生工作，并履行相应责任和义务。

（2）分管负责人应对各自职责范围内的安全生产和职业卫生工作负责。

（3）各级管理人员应按照安全生产和职业卫生责任制的相关要求，履行其安全生产和职业卫生职责。

在上述文件中，责任分工仅对领导层提出了明确要求，主要体现在园区主任、安全分管主任等，突显了机制建设对高层管理人员的重视。

安全风险辨识评估、安全风险管控和保障措施中所有工作责任分解均落实到园区管理层。即使在风险数据库的辨识过程中，领导层虽不会直接进行风险辨识工作，但依然负有管理责任，对整个工作负责。规范中未要求成立专门的部门，但由于工业园区风险辨识和体系建设的复杂性和任务的艰巨性，该项工作应有专人负责。

双重预防机制领导小组的职责主要有以下几个方面：

一是全面负责体系建设落实工作，关注工作建设进度。

二是协调资源（尤其是人力资源），支持工作开展，及时解决工作中存在的困难。

三是决定目标与关键思路，审核项目的成果，对流程、管理制度等成果予以审核。

四是制定信息系统使用考核办法，督促体系在园区中的落实。

二、双重预防机制领导小组的人员组成与分工

双重预防机制领导小组分两个层次，一般为一个组长和若干个副组长。

一个组长是园区主任。双重预防机制建设必须由一把手负责，这不仅是机制建设内在要求决定的，也是《中华人民共和国安全生产法（2021年修订）》和《企业安全生产标准化基本规范》所规定的。

若干个副组长主要是园区副主任、总工程师等，尤其是双重预防机制建设中所重点涉及的部门对应的分管领导，如安全分管副主任等。这些副组长中，安全分管副主任是具体工作的牵头人，而全面负责双重预防机制建设工作的其他副组长，则是负有在分管范围内全力配合机制建设的责任。当园区双重预防机制建设中需要某个部门的人力物力支持时，就需要园区主任和分管领导的协调与支持。

三、双重预防机制建设的人力物力资源

建立双重预防机制是在一段时间内集中开展的，因此园区应为每个工作组提供办公场所，每个工作组成员应配有电脑，且可以连接互联网及园区内部局域网，便于信息共享和将相应的风险辨识、考核评分标准等信息进行汇总。风险管理小组的内部讨论较多，且参与成员较多，因此园区应为整个工作组成员提供会议室，且会议室备有投影设备，便于工作的总结、讨论。

根据园区的生产运行与人员组织情况以及岗位设置情况，确定双重预防机制风险辨识评估、管理标准与管理措施的编审人员，成立双重预防机制风险辨识评估、管理标准和管理措施编写的工作机构。

编审组人员应具备的素质有以下几个方面：

（1）工作认真踏实、态度端正。

（2）具有相关专业知识，并熟悉工业园区安全生产相关法律法规。

（3）熟悉工业园区危险源分布和日常检查情况。

（4）熟练运用办公自动化操作，有较强的语言驾驭及沟通能力。

风险辨识评估、管理标准和管理措施编写组应包括安全部门、基建部门、设备部门、能源部门、后勤部门、信息部门、保卫部门、招商部门等相关人员。其中，安全部门为主要编写人，其他组成成员参与编写并负责收集整理相关国家标准、行业标准和企业标准等资料。

风险辨识评估、管理标准和管理措施指导审核组，由聘请的双重预防机制管理体系技术指导人员和双重预防机制管理体系办公室工作人员组成。

为了确保所指定的风险辨识评估、管理标准和管理措施等的科学性和准确性，应由所聘请的双重预防机制管理体系技术指导人员对工业园区的双重预防机制管理标准与管理措施的编审人员进行业务知识培训。通过培训，使所有参与编审的人员具备相关的能力。

指导和审核小组、编写小组人员通过培训应具备以下能力：

（1）熟悉风险辨识的规范和方法。

（2）熟悉管理标准与管理措施制定的原则。

（3）能够根据危险源描述，准确提炼出管理对象。

（4）有根据管理对象编写针对性的、完备的管理标准和管理措施的方法。

四、双重预防机制建设的信息资源

双重预防机制建设需要对园区现有的安全管理情况有充分的了解，尽可能利用园区已有的成果。因而各种相关信息资源的收集和利用，就是机制建设过程中需要予以考虑的因素。

1. 各类安全管理方法、制度等文件资源

双重预防机制建设小组应充分掌握国家、省、市、县（区）、镇（街道）所发布的各种法律、法规、标准、规范、文件、单据、报表、账册等资料，掌握工业园区当前与安全有关的所有业务的详细流程、分析总结和数据资料等。这些资源一方面是园区进行风险辨识与评估的依据；另一方面是使双重预防机制与工业园区安全管理流程相结合的基础。对现有安全管理流程相关信息和数据的收集更是不容忽视。

2. 各种安全相关的电子数据资源

经过长期的运行，绝大多数园区的安全管理都是有着一定的基础的，也积累了相当丰富的电子数据。这些电子数据可以大大减少工业园区建设双重预防机制时的工作量，尤其是风险数据库和工业园区安全基础信息数据库等。如果有可能，现有的重要数据可以引至新的双重预防机制管理信息系统中，成为其数据初始化中的重要组成部分。

需要注意的是，双重预防机制建设小组收集各种数据并不是一定要完全按照收集的数据展开工作，更不是要将所有信息都原封不动地引至新的双重预防机制流程中；而是应该根据双重预防机制的内涵和思想，对园区现有的安全管理方法、制度等进行梳理，使其真正能够与双重预防机制思想和方法有机融合，形成既有满足园区安全生产标准化等要求的共性特点，又具有工业园区安全管理特点的双重预防机制。

第四章 广东省工业园区双重预防机制建设规划

当工业园区确定要建设双重预防机制，并在园区内部做好了学习宣传、人力物力准备以后，便可以正式开始双重预防机制建设的工作。双重预防机制的建设是一个系统性的工程，建立之初应综合考虑国家、省、市和上级单位的相关要求以及工业园区的具体情况，对建设工作进行总体规划，包括建设目标、原则、人员、基本思路、框架、资源投入以及时间进度等。

第一节 双重预防机制建设的目标与指导思想

工业园区进行双重预防机制建设，一方面是自身安全管理水平提升的需要，另一方面则是贯彻国家相关要求的需要。因此，建设安全双重预防机制时，首先应考虑满足国家相关文件中对目标与基本原则的要求，再结合本园区的实际情况进行个性化强调或提升。

一、双重预防机制建设的目标

2016 年 4 月，国务院安委会办公室发布《标本兼治遏制重特大事故工作指南》，要求强化安全风险管控和隐患排查治理，坚决遏制重特大事故频发势头。同时，该文件提出了创建双重预防机制的指导思想和主要工作目标。

1. 指导思想

坚持标本兼治、综合治理，把安全风险管控执行在隐患前面，把隐患排查治理执行在事故前面，扎实构建事故应急救援的最后一道防线。坚持关口前移，超前辨识预判岗位、企业、区域安全风险，通过实施制度、技术、工程、管理等措施，有效防控各类安全风险；加强过程管控，通过构建隐患排查治理体系和闭环管理制度，强化监管执法，及时发现和消除各类事故隐患，防患于未然；强化事后处置，及时、科学、有效应对各类重特大事故，最大限度地减少事故伤亡人数、降低损害程度。

2．主要工作目标

到 2018 年，构建形成点、线、面有机结合、无缝对接的安全风险分级管控和隐患排查治理双重预防性工作体系，全社会共同防控安全风险和共同排查治理事故隐患；构建形成完善的安全技术研发推广体系，安全科技保障能力水平得到显著提升；构建形成严格规范的惩治违法违规行为制度机制体系，使违法、违规行为引发的重特大事故得到有效遏制；构建形成完善的安全准入制度体系，淘汰一批安全保障水平低的小矿、小厂和工艺、技术、装备，安全生产源头治理能力得到全面加强；实施一批保护生命重点工程，根治一批可能诱发重特大事故的重大隐患；健全应急救援体系和应急响应机制，事故应急处置能力得到明显提升。

2016 年 10 月，国务院安委会办公室发布《关于实施遏制重特大事故工作指南构建双重预防机制的意见》（安委办〔2016〕11 号），再次明确了总体思路和工作目标。

一是总体思路。准确把握安全生产的特点和规律，坚持风险预控、关口前移，全面推行安全风险分级管控，进一步强化隐患排查治理，推进事故预防工作科学化、信息化、标准化，实现把风险控制在隐患形成之前、把隐患消灭在事故前面。

二是工作目标。尽快建立健全安全风险分级管控和隐患排查治理的工作制度和规范，完善技术工程支撑、智能化管控、第三方专业化服务的保障措施，实现企业安全风险自辨自控、隐患自查自治，形成政府领导有力、部门监管有效、企业责任落实、社会参与有序的工作格局，提升安全生产整体预控能力，夯实遏制重特大事故的坚强基础。

综合上述两个文件，工业园区在建设双重预防机制时，应明确以下几个重点：第一，把风险和隐患分开，强化预防；第二，建立完善的制度和规范；第三，采用现代化信息技术，实现信息化、标准化和智能化；第四，企业是安全生产的第一责任人，对安全风险要自辨自控、隐患要自查自治。

二、双重预防机制建设的目标与组织承诺

根据国家的相关要求，园区结合自身的安全管理方法和现状，可以制定工业园区双重预防机制建设的目标。除了对原则和安全管理愿景等的描述，还应量化、细化，只有这样才能让每一个员工有更加直观深切的感受，才能领会园区实践安全管理的决心。

典型的园区双重预防机制建设目标示例：

坚定事故可避免、隐患可预防的观念，在园区内建立双重预防机制的流程和管理制度，并将其内化到日常生产和安全管理每一个工作细节中，实现以下目标：

（1）工亡事故为零。

（2）重伤事故为零。

（3）职业病发病率为零。

（4）轻伤事故率≤1.5%。

（5）新入职人员安全教育培训率达到100%。

（6）特种作业人员持证上岗率达到100%。

（7）特种设备定期检验率达到100%。

（8）人均不安全实践纠正率≥10%。

（9）开工前安全风险辨识确认执行率达到100%。

（10）隐患整改率为10%。

这些目标并不能仅仅停留在纸面上或墙上，而应该使员工真正体会、认同这些目标，真正相信组织会这样做，这样员工才能在日常工作中实践双重预防机制的各项要求。组织承诺就是为了实现上述目标而提出管理理论。

组织承诺也称"组织归属感""组织忠诚"等。组织承诺一般是指个体认同并参与一个组织的强度，它不同于个人与组织签订的工作任务和职业角色方面的合同，而是一种"心理合同"或"心理契约"。在组织承诺里，个体确定了与组织连接的角度和程度，特别是规定了那些正式合同无法规定的职业角色外的行为。高组织承诺的员工对组织有非常强的认同感和归属感。具体到安全管理中，组织承诺是要员工从情感上、规范上认同

工业园区双重预防机制的要求，并承诺将其落实到自身的日常工作中，而园区则承诺按照规定进行管理。安全管理中常见的组织承诺管理方法是安全管理承诺书。结合上述园区双重预防机制建设目标，形成每个岗位的安全管理承诺书。在签订安全管理承诺书时，应该加入仪式感，使其成为园区安全文化的有机组成部分。

三、双重预防机制建设的基本原则

安全是企业管理的重要职能之一，在建设双重预防机制之前，园区也在执行各具特殊性的安全管理机制和方法。为了保证双重预防机制的落地和有效运行，园区在机制建设过程中，应遵循以下基本原则。

1. 预防为先，实现全覆盖

双重预防机制建设的关键就在于预防为先，而不仅仅是传统的事中隐患检查和事后应急救援与事故处理等。从根本上防范风险超出预定范围，确保所有的危险源都保持在受控状态下，从而确保实现安全。为此，就需要对园区所有危险源、风险点进行全面辨识，实现风险的全覆盖。

2. 风险、隐患区分明确

风险和隐患是两个不同的概念，对同一个危险源，其状态不同、风险不同，处理的重点便完全不同。明确区分风险和隐患的关系，是制定科学双重预防机制流程的基础。

3. 流程设计确保闭环和改善提升

在进行双重预防机制流程设计时，应确保所有的问题都有发现、有处理、有结果，形成问题的闭环。在整个机制层面，应该建立不断改善提升的流程，确保双重预防机制的生命力。

4. 与现有安全管理方法有机融合

在工业园区安全双重预防机制建设中，反复强调的一点就是该机制不是对园区现有安全管理方法的全面否定，也不是要另外建立一套独立的安全管理机制，而是要梳理园区现有的安全管理机制和方法，将现有的方法中经实践检验有效的部分与双重预防机制有机融合，形成一个整体。

5. 机制建设有保障制度跟进

任何管理流程的贯彻执行都要有相关的考核等保障制度跟进，否则难以固化成为长期运行的制度。因此，在双重预防机制建设过程中，不但要考虑双重预防的流程完整性和合理性，同时要建立保障和考核机制，尤其是考核机制，应与双重预防的流程和结果都相关。

6. 信息化建设简单易行，兼顾未来数据管理要求

信息化建设是双重预防机制建设的重要要求之一，也是其贯彻落实的关键。由于系统所涉及的员工数量众多，因而操作简便是信息化建设的内在要求之一，否则员工难以掌握，在实际中也易于变形。通过信息化管理积累的大量双重预防数据，对于企业未来的安全管理工作意义重大，且上级单位和政府监管部门未来都会有数据上传需要，因此在信息系统设计之初便应考虑未来数据分析和数据接口问题，保证系统对未来需求的适应性。

这些原则涉及双重预防机制建设的各个方面，是其他单位安全风险预控和双重预防机制建设经验和教训的总结，能够最大限度地避免后续工作的困难，提高园区双重预防机制建设的效率和质量，应引起所有建设单位的重视。

四、双重预防机制与生产、经营的联系

工业园区管理的核心是生产和安全，而经营往往是辅助生产和安全进行，其核心目的是保障生产和安全需要，或指导生产、安全管理计划。如果要讨论工业园区的安全双重预防机制，则无法回避其与生产和经营之间的关系，如图 4-1 所示。

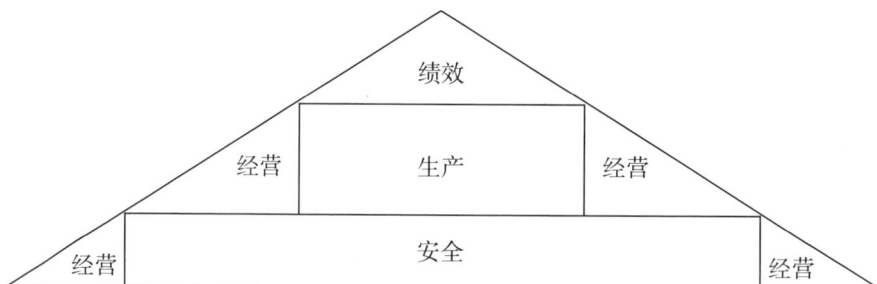

图 4-1　经营与安全、生产间的关系

显然，经营支持安全和生产，而安全则是所有工作的基础。三者最终的合力，指向了工业园区的高绩效，且只有宽基础才有可能形成高绩效。

缺乏其中任何一项，绩效都是不稳定的。因此，在进行双重预防机制建设时，必须要注意使安全和生产、经营相协调，并充分利用经营对安全的支持作用，保证双重预防机制的顺利运行。

某些园区在处理安全、生产、经营之间关系时，往往因为安全的基础地位与绩效不能直接关联，虽然口头上承认安全的重要性，但是在短期任务紧迫的情况下，会牺牲长期重要的安全，而确保生产、经营短期目标的实现。这是园区始终无法建立理想的组织承诺、始终难以形成良好安全文化的关键因素之一。在建设双重预防机制时，应将其与经营、生产管理结合起来，根据生产计划制订风险和隐患排查计划；采用经营手段，提高双重预防机制的运行效率和效果。

第二节　双重预防机制建设工作组的建立

明确了双重预防机制的建设目标和基本原则，园区便需要正式建立双重预防机制建设组织，全面负责机制建设工作。至此，前期准备阶段正式结束，园区双重预防机制建设工作开始迈入实际推进阶段。

一、双重预防机制建设小组的职责

双重预防机制建设小组的职责是全面负责工业园区内部的双重预防机制建设调动、协调园区各部门的力量和资源，设计出园区的双重预防机制并使其在园区内部能够运行起来。建设小组又包括领导小组和执行小组两部分。领导小组负责双重预防机制建设时的方向确定、重大问题拍板、资源协调及进度控制等。执行小组在领导小组的指导下工作，工作成果向领导小组负责，具体包括风险辨识评估指南的编制、风险辨识评估的组织和开展、风险辨识评估结果的审核、双重预防流程的设计、双重预防管理制度编制、双重预防管理信息系统需求分析、双重预防管理信息系统的培训等。

但领导小组的工作具有特殊性，在确定方向后，它并不会做过多具体工作，因此执行小组有着充分的自主权。双重预防机制的建设需要园区多个部门的紧密配合，执行小组需要短时间内借调其他部门的员工。这些工作任务的分派和资源的调用，都需要领导小组的支持和协调。可以说，没有领导小组，尤其是作为领导小组组长的园区主任的真正认可和全力支持，执行小组的工作就会难以开展，企业双重预防机制的建设也难以取得理想的效果。

建设小组是完成园区整个双重预防机制建设具体工作的临时性组织，与双重预防机制建立后的运行和管理组织并不相同。前者负责将双重预防机制从零建立起来，后者负责双重预防机制在园区的运行和完善，是未来的新增常设机构（也可由现有某个机构负责，但需要相关文件明确规定）。

二、双重预防机制建设小组的人员组成

双重预防机制建设小组分为领导小组和执行小组两部分。领导小组的组长为园区主任，副组长为园区安全分管主任，成员包括各个专业负责人。

人员来源方面，执行小组人员来自园区各个单位，也包括外部专家。从工作任务来看，执行小组又可细分为风险管理小组、隐患管理小组和管理信息系统小组 3 个分组。具体成员应包括：安全部门人员、有关职能部门相关管理人员以及外部专家团队等。根据工作需要，入驻园区的重点企业、园区承包商也可加入双重预防机制建设执行小组。双重预防机制建设小组示意图如图 4 - 2 所示。

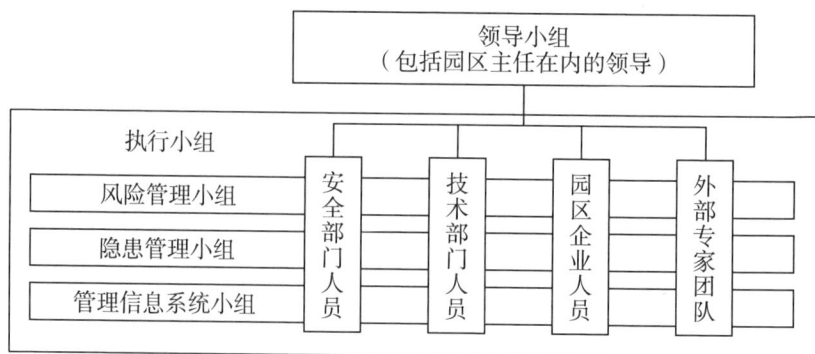

图 4 - 2　双重预防机制建设小组示意图

风险管理小组成员应包括有现场工作经验的且对园区基建、管道、设备、道路、入驻园区企业等情况比较熟悉的员工，若熟悉风险管理过程更好。成员需要 2~3 名，该风险管理小组属于常设人员。此外，园区各部门和入驻园区企业均要成立各自的风险管理小组且有相应的负责人，在风险管理小组的领导下进行各自的风险辨识和管理标准与管理措施的制定。

隐患管理小组成员应熟悉工业园区各种类型的隐患管理流程，人员常设，需要 2 名。

管理信息系统小组成员应为网络平台维护人员，且熟悉园区安全管理流程。需要常设人员 2 名，其中信息维护人员 1 人，平台技术保障 1 人。

三、双重预防机制建设小组的任务

双重预防机制建设小组的具体任务包括：完成风险辨识与评估，形成风险数据库；完成对风险分级管控和隐患排查治理机制组织和流程的设计；依据设计的双重预防流程，完成双重预防机制管理信息系统的开发、测试、初始化、试运行和全面运行；提出双重预防机制运行的考核管理办法。

虽然很多园区都已经进行过一定程度的危险源辨识，但辨识内容、方法、更新频率、科学性、覆盖面等方面，都存在诸多的不足。因此，建设双重预防机制时，首先应该完成新的初始风险辨识工作。虽然与危险源辨识有一定类似之处，但风险辨识对很多园区而言都是一个巨大的挑战，耗费时间，成本也非常高，且难以把握科学性和合理性。这是双重预防机制建设的第一个关键任务。

开发安全双重预防机制管理信息系统需要对双重预防机制有深刻的理解，需要有信息技术领域的专业人才。因此，对于很多园区而言，召集熟知机制的信息技术人才是建立双重预防机制工作的第二个关键任务。

在管理信息系统建设中，核心问题是需求的确定。在确定需求的过程中，仅仅依靠体系建设小组的任何一方都是不可能的。首先，执行小组应根据领导小组制定的考核机制，提出新的双重预防机制的运行机制、流程和考核流程，然后经领导小组审定后，提出系统开发方案。领导小组审定开发方案后，就可进行系统开发工作。

需要说明的是，为了减少实施的困难，保证流程的规范性，工业园区也可以直接在现有管理组织和流程基础上，按照相关安全生产标准化的要求，制定或执行具有共性的标准流程。

四、双重预防机制建设小组的管理与考核

为了使项目进展顺利，必须制订项目整体进度计划，以及风险管理小组、隐患管理小组和管理信息系统小组的进度计划，各小组进度计划应详细到每天，整体进度计划和小组进度计划均可采用甘特图表示，并悬挂于项目组成员易看到的地方。

项目组应保证不超过两天开一次碰头会，会议内容包括检查各小组的工作进度、存在的问题、解决方案、下一步工作的部署。

双重预防机制领导小组应定期听取执行小组的工作成果、存在问题和下一步工作计划等方面的汇报，及时解决存在的问题。

为了对执行小组进行合理的管理与考核，工业园区有必要建立独立、脱产的执行小组，事前明确考核指标和规范，为后续的考核工作奠定基础。执行小组定期、按质量完成进度计划的任务后，园区应给予其不低于原岗位考核优秀的工资和奖金。同时园区应对参与双重预防机制建设的成员根据机制建设的时间，核减其全年原岗位工作量考核要求。

需要重点强调的是，执行小组核心成员必须要脱产 2 ~ 3 个月，否则无法有效考核，最终的建设效果和效率都会受到严重影响。

第三节　双重预防机制建设的基本思路与规划

双重预防机制的组织和考核要求等都明确后，工业园区需要建设小组明确双重预防机制建设的思路，并审核建设小组根据园区基本思路制订的进度和资源需求规划。

一、双重预防机制建设的基本思路

双重预防机制建设的基本思路主要是指工业园区对双重预防机制建设

的内容、逻辑关系、涉及的工作范围等的预期设想和规划。基本思路对于双重预防机制领导小组和建设小组而言有着非常重要的意义，双方能够就工作的步骤、工作量、最终的工作成果等有一个共同的预期，从而为后续工作的协调、管理等提供前提。

对于双重预防机制建设的内容和前后逻辑，在《关于实施遏制重特大事故工作指南构建双重预防机制的意见》（安委办〔2016〕11 号）中，明确规定了建设双重预防机制工作的"必选动作"。

（1）全面开展安全风险辨识。各地区要指导推动各类企业按照有关制度和规范，针对本单位类型和特点，制定科学的安全风险辨识程序和方法，全面开展安全风险辨识。创建单位要组织专家和全体员工，采取安全绩效奖惩等有效措施，全方位、全过程辨识生产工艺、设备设施、作业环境、人员行为和管理体系等方面存在的安全风险，做到系统、全面、无遗漏，并持续更新完善。

（2）科学评定安全风险等级。创建单位要对辨识出的安全风险进行分类梳理，参照《企业职工伤亡事故分类标准》（GB 6441—86），综合考虑起因物、引起事故的诱导性原因、致害物、伤害方式等，确定安全风险类别。对不同类别的安全风险，采用相应的风险评估方法确定安全风险等级。安全风险评估过程要突出遏制重特大事故发生，高度关注暴露人群，聚焦重大危险源、劳动密集型场所、高危作业工序和受影响的人群规模。安全风险等级从高到低划分为重大风险、较大风险、一般风险和低风险，分别用红、橙、黄、蓝 4 种颜色表示。其中，重大安全风险应填写清单、汇总造册，按照职责范围报告属地负有安全生产监督管理职责的部门。要依据安全风险类别和等级建立安全风险数据库，绘制"红橙黄蓝"四色安全风险空间分布图。

（3）有效管控安全风险。创建单位要根据风险评估的结果，针对安全风险特点，从组织、制度、技术、应急等方面对安全风险进行有效管控。通过隔离危险源、采取技术手段、实施个体防护、设置监控设施等措施，达到回避、降低和监测风险的目的。要对安全风险分级、分层、分类、分专业进行管理，逐一落实职能部门、班组、岗位以及园区入驻企业的管控责任，尤其要强化对重大危险源和存在重大安全风险的生产经营系统、生产区域、岗位的重点管控。园区以及入驻企业要高度关注运营状况和危险源变化后的风险状况，动态评估、调整风险等级和管控措施，确保安全风险始终处于受控范围内。

（4）实施安全风险公告警示。园区要建立完善安全风险公告制度，并加强风险教育和技能培训，确保管理层和每名员工都掌握安全风险的基本情况及防范、应急措施。要在醒目位置和重点区域分别设置安全风险公告栏，制作岗位安全风险告知卡，标明主要安全风险、可能引发事故隐患类别、事故后果、管控措施、应急措施以及报告方式等内容。对存在重大安全风险的工作场所和岗位，要设置明显警示标志，并强化危险源监测和预警。

（5）建立完善隐患排查治理体系。风险管控措施失效或弱化极易形成隐患，酿成事故。园区要建立完善隐患排查治理制度，制定符合自身实际的隐患排查治理清单，明确和细化隐患排查的事项、内容和频次，并将责任逐一分解落实，推动全员参与自主排查隐患，尤其要强化对存在重大风险的场所、环节、部位的隐患排查。要通过与政府部门互联互通的隐患排查治理信息系统，全过程记录报告隐患排查治理情况。对于排查发现的重大事故隐患，应当在向负有安全生产监督管理职责的部门报告的同时，制订并实施严格的隐患治理方案，做到责任、措施、资金、时限和预案"五落实"，实现隐患排查治理的闭环管理。事故隐患整治过程中无法保证安全的，应停产停业或者停止使用相关设施设备，及时撤出相关作业人员，必要时向当地人民政府提出申请，配合疏散可能受到影响的周边人员。

工业园区应根据自身安全管理特点，结合上述"必选动作"制定本园区双重预防机制建设基本思路，并制定共性化内容和个性化内容。其中共性化内容是"必选动作"，如依据双重预防机制的内涵，实现风险和隐患的区分管控，引入外部专家，以信息化为运行平台，全面落实、监控双重预防机制运作情况，落实全员安全生产责任制，完善安全生产长效机制，确保工业园区安全、稳定、健康发展。除了共性的"必选动作"，园区也应增加具有自身特色的个性化内容，即"自选动作"，如结合园区现有好的安全管理经验和做法，继续采用安全内部市场化管理方法，在风险辨识过程中建立风险和隐患的内部市场价格体系，并使之与双重预防机制有机整合，确保双重预防机制能够在园区中得到有效落实，形成长期机制。

基本思路应明确园区双重预防机制建设的总体目标是建设通用化的体

系还是建立具有个性化的机制，是采用内部力量建设还是引入外部专家，
建设步骤是分阶段完成还是一次性全部建成，每个阶段或整个建设工作分
成哪几个步骤等。总体思路需要园区根据自身情况、上级单位和政府要求
等综合考虑，可以借鉴但不应简单抄袭其他园区的现成思路。

二、双重预防机制建设的流程与框架

　　不考虑创建单位个性化的内容，从工作步骤而言，双重预防机制建设
的内容大概包括4个部分：风险辨识评估、风险分级管控机制建设、隐患
排查治理机制建设、双重预防机制管理信息系统建设与实施。具体到建设
步骤而言，如图4-3所示。

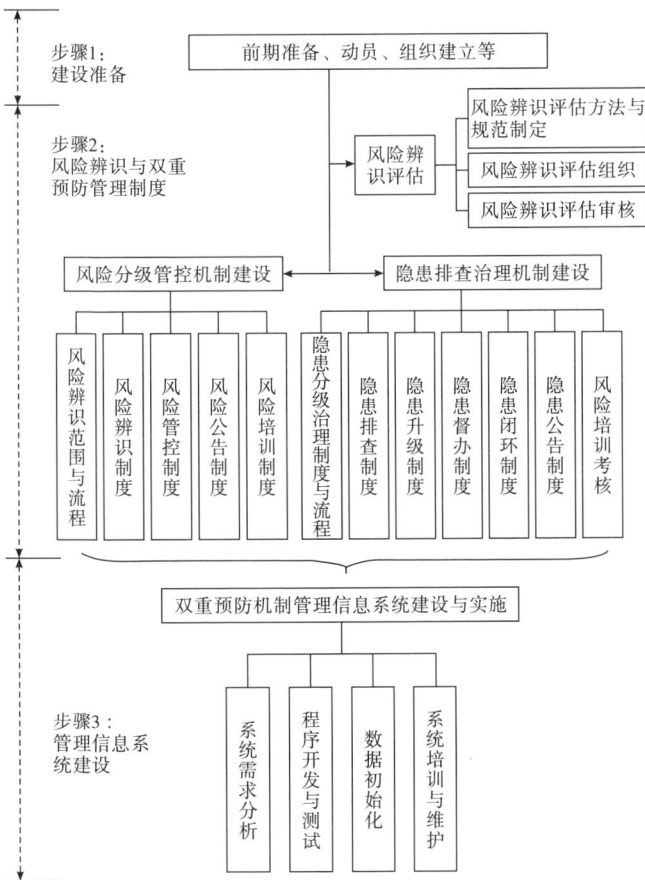

图4-3　双重预防机制建设步骤示意图

上述过程可简称为"三三制建设"：总体分三步，核心是第二步，包括三部分。

如果考虑个性化建设，则需要增加一个步骤，并在前述步骤中进行调整。个性化建设主要体现在创建园区对安全双重预防机制的考核上。双重预防机制的考核制度是为了保证双重预防机制能够在创建单位内部有效运行而提出的一个系统性的管理制度，其核心是确保每一个相关的员工都能够按照双重预防机制的要求工作，严格遵守相关的制度、规程、流程等。

建立包含考核制度的双重预防机制，园区可以有两种不同的方案。第一种，考核制度相对独立，单独运行。这种方法的好处是建设双重预防机制速度快，考核机制灵活，后期调整方便。其缺点是双重预防机制落地执行效率低，考核和机制结合不紧密。第二种，考核机制融入双重预防机制中，成为一个整体。其优缺点和第一种方案正好相反。园区在建设过程中可以考虑自身内外部情况选择。需要注意的是，采用第二种方案时，双重预防机制建设框架和步骤与第一种方案有明显的不同。

由于第二种方案需要将考核制度与双重预防机制有机结合，因此在前期的机制建设规划中就必须明确该问题，并明确所采用的考核方法和流程。在整个机制建设中，包括 5 个组成部分，其建设顺序依次是：体现考核要求的风险辨识与评估、体现考核要求的风险分级管控机制、体现考核要求的隐患排查治理机制、体现考核要求的双重预防机制考核制度和体现考核要求的双重预防机制管理信息系统。考核制度的基本思路必须在双重预防机制建设的规划阶段即予以明确，确定考核工作所需的基础数据。在风险辨识与评估、风险分级管控和隐患排查治理机制设计中，都应该予以相应的反映，并根据双重预防机制的制度和流程要求等，整理完整的双重预防机制考核制度。只有前期工作全部明确后，才能明确系统需求，并据此开发符合创建园区需要的双重预防机制管理信息系统。

由于两种方案的步骤和内容差别非常大，因此园区在进行双重预防机制设计规划时，必须要明确采取哪种方法。

三、双重预防机制建设的时间—资源规划

不同方案所需的时间和资源不同，在不考虑个性化流程和考核制度的情况下，建设速度最快、所需资源最少的双重预防机制，可称之为标准化

双重预防机制建设。这里的标准化有两重含义：一是面向所有园区，属于通用性建设方案，不带个性化建设的考虑；二是与安全生产标准化对标。本书所研究的双重预防机制建设主要以这种标准化双重预防机制建设为主，对部分辅以个性化建设的特点、需求等予以说明。

典型的标准化双重预防机制建设时间和资源规划见表4-1。

表4-1　标准化双重预防机制建设时间和资源规划

阶段	工作任务	具体工作	所需资源	所需时间
1	前期准备	文件、宣贯等	懂双重预防的安全管理人员、外部专家、会议资料准备等	半个月
2	建设规划	组织机构建立、人员选派、建设规划	高层的坚决支持、双重预防建设小组等	半个月
3	初始年度风险辨识与评估	风险的全面辨识和等级评估、管理标准、措施的确定	双重预防建设小组、外部专家、园区各部门安全技术人员、原有的危险源管理资料等	4个月
4	风险分级管控机制	风险管理制度、辨识、管控流程等	现有风险管理制度、文件、双重预防建设小组、外部专家等	1个月
5	隐患排查治理机制	隐患管理制度、排查、治理、督办、预警流程等	现有隐患管理制度、文件、双重预防建设小组、外部专家等	1个月
6	双重预防机制管理信息系统	信息系统需求调研、开发、测试、试运行及正式切换	现有安全管理信息系统使用情况分析、现有安全管理数据资源、双重预防建设小组、外部专家等	2个月
7	双重预防机制的修正与完善	根据实际运行中的问题对各工作进行调整	新双重预防机制管理信息系统数据、调研、双重预防建设小组、外部专家等	1个月

如果人力资源投入足够，则表4-1中第3~5步可以并行开始。此外，如果有标准化风险数据库，在此基础上进行个性化修改、完善，则可以大幅度缩短初始年度风险辨识与评估的时间。

在园区中建立双重预防机制并不是一蹴而就的简单工作，需要参与人员对双重预防机制的内涵和园区现有安全管理优缺点都有非常深刻的理解，同时需要耗费巨大的人力和物力资源才能完成。双重预防机制建设完成后，也不是一劳永逸的，还需要根据实际运行的结果和反馈，不断完善机制的各个具体部分，确保整个机制不断优化，不断适应园区发展的安全管理需要，切实成为园区安全管理的有机组成部分。

正是因为双重预防机制建设的艰巨性，工业园区在双重预防机制建设工作中应注意以下几方面的问题：

（1）不观望，尽早开始。双重预防机制与安全生产标准化已经成为园区不容忽视的重要工作之一，因此园区应积极主动开展双重预防机制建设，而不要观望其他园区是否开始。

（2）调集精兵强将，脱产一段时间集中力量完成机制建设。双重预防机制建设需要具体建设人员既能够深刻领会双重预防机制的内涵和要求，同时也非常熟悉创建园区安全管理现状，明白自身的优缺点。因此，不能抽调工作不力的员工去做双重预防工作。恰恰相反，应抽调相关部门的优秀员工集中工作，并给予一定时间的脱产政策。

（3）双重预防机制应与工业园区现有的安全管理机制有机融合。双重预防机制建立并不是在现有的安全管理机制之外，另外再建立一个独立的安全管理机制，而是应该结合现有的安全管理机制，按照双重预防机制的内涵要求进行全面梳理，使现有的安全管理优点和特色融入双重预防机制中，最终在工业园区中运行的机制应该是只有一套。

（4）安全双重预防机制管理信息系统应符合机制的内在要求。管理信息系统是双重预防机制建设的重要组成部分，也是确保双重预防机制能够在园区内运行的关键之一。信息技术手段是双重预防机制建设的明确要求。双重预防机制管理信息系统设计或选型时，要注意其功能模块、完整性和内在数据流程的关系。如果将风险管理和隐患管理进行割裂，虽然也有相关模块的位置，但并不符合双重预防机制内在的要求，也难以起到在园区双重预防机制运作中的技术支撑作用。

（5）园区领导层，尤其是园区主任应积极学习双重预防机制的知识。双重预防机制建设对于现有的安全管理机制有较大的影响，是对现有安全管理方法的梳理、系统化和提升，因此涉及各个单位，仅仅依靠执行具体工作的机制建设小组成员，往往难以胜任对各方协调的任务。园区领导层，尤其是园区主任的大力支持是双重预防机制建设取得成功的关键。要能够科学指导机制建设小组的工作，园区领导层必须积极学习双重预防机制的知识，确保不会干扰建设方向。有些园区在建设双重预防机制时，非常重视利用内、外部专家进行培训，这是一个非常好的办法。

第五章　广东省工业园区安全风险分级管控

第一节　风险辨识的顶层设计

双重预防机制是园区安全生产标准化的重要组成部分，其内涵较安全生产标准化更为丰富。园区安全生产标准化是建设双重预防机制应达到的基本标准，满足其要求并不能说明园区双重预防机制建设已经达到了完善的程度。在园区安全生产标准化中，年度风险辨识主要面向的是"5 + 2 + 1 + 1"，其中"5"指火灾、水灾（含风灾）、触电、运输、特种设备（压力设备、起重设备），"2"指有限空间作业和高处作业，前一个"1"指危险化学品，后一个"1"指职业病危害因素，尤其需要关注其中可能存在的重大风险。有些地区或集团公司会有更进一步的要求，但都没有要求对所有风险进行全覆盖式的辨识。上述这种情况是由工业园区安全标准化自身的定位所决定的，但作为一个园区，双重预防机制建设应对工业园区生产、经营中可能遇到的所有风险进行全面辨识，然后从其中确定重大风险清单。非重大风险也需要管控，只是在不同管理层级体现，但任何管控的前提都是需要将风险辨识出来。

一、风险辨识的目标与顶层设计

风险是所有安全管理标准、安全管理研究和安全管理实践中的核心概念之一，风险数据库质量的高低直接决定了园区安全管理的水平。风险因工业园区所属行业、地理位置、涉及工艺、员工基础等的不同而不同，与创建单位的组织结构、管理制度等也有着密切的联系，具有鲜明的园区自身特色。

工业园区风险辨识水平体现了园区安全管理水平的高低，决定了风险管控的可能性和效果。由于风险管控的重要性和基础性，国务院安委办发布的《关于实施遏制重特大事故工作指南构建双重预防机制的意见》（安委办〔2016〕11号）中，提出"各地区要指导推动各类企业按照有关制度和规范，针对本企业类型和特点，制定科学的安全风险辨识程序和方法，全面开展安全风险辨识"。

新的要求中并没有对风险辨识方法和过程详细说明。风险依赖于危险源存在，是危险源的属性值，风险辨识应该是基于危险源展开，即某个危险源存在什么样的风险，而不是空泛地讨论风险。

根据《职业健康安全管理体系要求及使用指南》（GB/T 45001—2020），危险源是可能导致伤害和健康损害的来源，组织应建立、实施和保持用于持续和主动的危险源辨识的过程。该过程必须考虑（但不限于）：工作如何组织，社会因素（包括工作负荷、工作时间、欺骗、骚扰和欺压），领导作用和组织的文化；常规和非常规的活动和状况；组织内部或外部以往发生的相关事件（包括紧急情况）及其原因；潜在的紧急情况；人员；其他议题；组织、运行、过程、活动和职业健康安全管理体系中的实际或拟定的变更；危险源的知识和相关信息的变更。危险源存在于工业园区各种生产经营活动中，分布在各个地理位置上，无论是种类还是数量都极多。风险就存在于上述危险源中，为了方便管控，风险点的概念就有其存在的重要意义。

虽然各个行业在危险源类别、特点等方面都有巨大的不同，但风险辨识的基本流程仍存在很大程度上的共性。一般而言，风险辨识的典型流程如图5-1所示。

首先要明确风险辨识的范围，然后确定风险辨识的顶层设计，即总体计划和思路。在此基础上，由各参与人员采用合适的风险辨识方法对所负责范围内（范围的划分取决于顶层设计的思路）的危险源进行辨识。风险辨识方法很多，而且往往需要多种方法相结合。后续的工作则是在选定风险辨识方法的基础上，一步步将危险源的各种信息规范、完善，最终形成便于园区应用的危险源数据库。

在安全管理实践中，工业园区风险数据库涵盖范围广，涉及人员多，因此以什么样的逻辑、如何组织才能保证危险源、风险辨识准确规范等，就成为进行园区风险辨识工作时需首要明确的问题。常见的风险辨识方法是指园区在对某个具体风险辨识时采用的具体工具和操作流程，侧重于确定辨识整体工作思路后的具体工作，是风险辨识的微观环节。显然，这些辨识方法无力解决顶层设计问题。

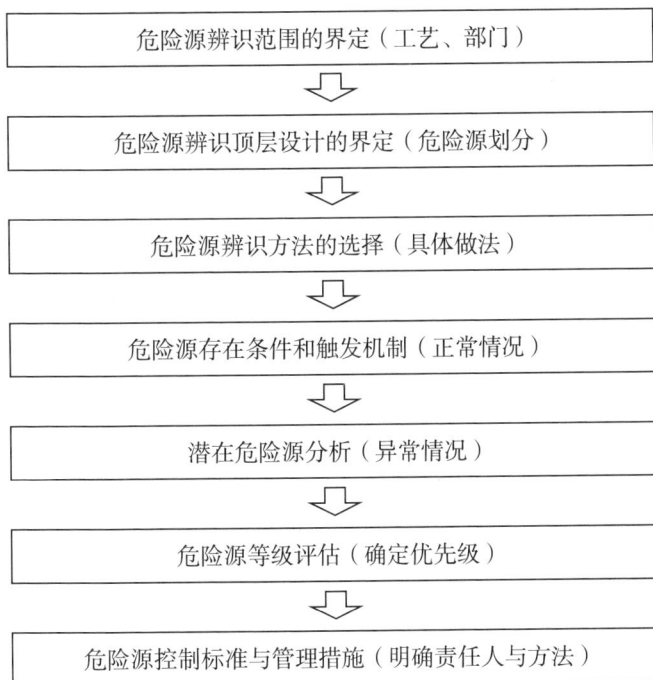

危险源辨识范围的界定（工艺、部门）

↓

危险源辨识顶层设计的界定（危险源划分）

↓

危险源辨识方法的选择（具体做法）

↓

危险源存在条件和触发机制（正常情况）

↓

潜在危险源分析（异常情况）

↓

危险源等级评估（确定优先级）

↓

危险源控制标准与管理措施（明确责任人与方法）

图 5－1　风险辨识的典型流程

风险辨识的顶层设计是指园区风险辨识任务开展的整体思路和任务划分方法，体现的是各类危险源之间的总体关系，更加侧重于整个工作的逻辑思路，是风险辨识的宏观步骤，相当于整个工作最初的计划环节。显然，在园区进行风险辨识时，首要解决的问题不是具体的风险辨识方法，而是采用什么样的辨识顶层设计。辨识顶层设计对工业园区的安全管理思想、安全管理信息系统的设计以及未来的安全管理 PDCA 循环都有着重要的影响，也直接影响着园区危险源最终辨识结果的风格和质量。因此，每个园区在进行风险辨识之初，就必须重视对风险辨识的顶层设计。当前很多园区在实践中往往并没有认识到风险辨识顶层设计的重要性，而是直接采用某种自己熟知的逻辑思路或者采用摸索前进的方法，最终给后期的工作带来许多负面影响，且往往难以弥补。这一突出问题已经在很多园区的风险辨识工作中都得到了证实。尽管如此，风险辨识顶层设计的问题却尚未引起理论研究的重视，相关的研究几乎一片空白，这也是造成当前风险辨识组织混乱、思路模糊、耗时长、返工多等一系列问题的重要原因，也导致很多基层管理人员接到风险辨识任务后，感到无从下手。因此，从不同风险辨识顶层设计方法的优缺点出发，结合园区特点，指导园区采取不同的顶层设计思路，是进行风险辨识时必须重视的问题之一。

二、风险辨识顶层设计的常见方法

风险辨识顶层设计是根据工业园区特点、员工素质、安全管理思路而进行风险辨识任务划分的过程，是风险辨识任务计划的核心工作。从某种意义上来说，风险辨识顶层设计的中心工作是辨识单元的划分。风险辨识顶层设计是否合理、科学，直接影响辨识的结果。

对风险辨识顶层设计进行合理选择，首先要明确其必须满足的特殊要求。第一，顶层设计的逻辑必须能够保证对危险源全覆盖、无遗漏。所有的危险源都得到准确的辨识是安全管理的基础，所以必须实现能够"纵向到底、横向到边"的划分。第二，顶层设计的逻辑必须有其内在系统性，以确保辨识人员能够有条理地工作，最终的成果要形成一个完整的体系。一般而言，常见的风险辨识顶层设计逻辑包括以下5种。

1. 按事故类型辨识

不同行业发生事故的类型有所不同，且有各自的行业标准，如煤矿的8类事故、金属矿山的20类事故、危化行业的6类事故等。根据这种逻辑方式，工业园区进行风险辨识任务划分时，可按照对口单位负责的方式指派其负责园区内部所有与该类型事故相关的风险辨识任务，也可以由相关单位自行按照标准进行本园区业务范围内各种事故类型的对应填报工作。

这种管理方式相对简单、任务亦明确，且辨识的结果重复少、重点突出，便于创建单位集中精力在主要危险源上。但这种方法的缺点也非常明显，首先，对于员工而言，针对性不强，员工不太理解每一类危险源对自身的意义；其次，所辨识出的危险源与组织机构的对应性一般，不易落实整改责任；最后，对于一些小问题，该方法往往难以辨识到位。一般而言，对于规模较小、危险源数量少、人员流动性较高的创建单位而言，按事故类型辨识是一种非常便于应用的逻辑。

2. 按专业工种辨识

按专业工种辨识是将所有辨识任务与岗位结合起来，每种岗位由若干个专家或资深业务人员共同完成。显然，这种辨识的逻辑思路是需要将创建单位所有的工种进行统计，然后进行任务统一分配。其优点是识别相对详细、准确，任务完成的质量高，能够在较短时间内建立起一个较为完整、规范的危险源数据库，且增、改、删都非常方便，便于管理。其不足则主要表现在辨识工作中对于员工的教育程度不足；有些相互衔接的工作，危险源或责任不易界定；相同的工种，在不同的部门可能面临的问题有所不同，个性化危险源库建立、维护的工作稍复杂。该方法是当前大多数创建单位进行风险辨识的主导性方法，辨识任务的计划、组织、控制，都能够有所保障。

3. 按业务流程辨识

按业务流程辨识的特点是以业务操作过程为线索，辅以动作分析等方法，详细分析每步工作中可能伴随的风险。这种辨识方法的优点是能够非常细致地发现创建单位中存在的各种危险源，而且由于其面向流程的特征，故辨识过程必然是涉及每一个和流程有关的员工，因而其风险辨识和培训工作能够合为一体，在对员工的宣传和安全文化的建立方面效果最好。此外，按业务流程辨识的危险源与人员结合紧密，所有人员的责任清晰。一旦出现隐患，能够迅速整改。

然而，由于园区中的许多业务流程往往是跨组织部门的，因此与流程紧密结合的风险辨识方法的局限性也非常明显。其典型的问题包括：基于工作任务和某一工作岗位的辨识方法，对系统性危险源的辨识有遗漏，对相关联的危险源相互之间如何影响的辨识存在缺失；由于流程不同，类似的危险源在不同流程中辨识后得到的结果往往并不相同，故其辨识的危险源数量最为庞大，且重复比例高。

4. 按部门或场所辨识

按部门或场所辨识的思路是沿园区组织结构或空间布局来划分辨识任务，从而明确所有辨识工作的责任。在操作过程中，该方法先划分区域、工作场所。先确定辨识单元，再从"人、机、环、管"4个方面查找危险源。这种划分方式较易实现园区所有危险源的全覆盖，也容易明确各单位的责任。在确定了按部门或场所辨识的顶层设计逻辑后，园区还应从前述3种顶层设计逻辑中选取一种进行任务细分。因此严格来说，按部门或场所辨识并不是一个独立的方法。

该方法的优点是辨识工作责任划分方便，容易开展，也容易控制，只要创建单位的组织机构设置合理，最终形成的危险源数据库与组织机构的结合会非常紧密。显然，最终形成的危险源数据库在使用中与实际情况吻合度高，且易于落实到部门、责任人。该方法的缺点主要是辨识时仍存在诸多的重复现象，且与业务操作过程结合度不足；另外，一个重要的问题是，该方法与园区组织机构结合过于紧密，因而在应对园区可能出现的组织机构调整方面不如前几种方法。

5. 按相关标准辨识

按相关标准辨识是按创建单位所在行业需要遵循的相关安全标准进行，如《煤矿安全规程》或《煤矿安全质量标准化标准》、《企业安全生产标准化基本规范》（GB/T 33000—2016）等依次将标准中所有条目转换成日常工作中的危险源。该方法在操作中可以先将标准或规程中的条目按专业进行划分，布置给对应的专业人员去辨识。此种辨识方法所涉及的人员是最少的，而且辨识时间比较短，规范性非常好，能与创建单位贯彻的标准很好地结合起来。

该方法的优点是能够确保所有的危险源唯一，且能够与各种标准、规程等紧密结合，保证标准、规程在创建单位内部的落实；其缺点主要表现在危险源覆盖面差，可以说是几种方法中最差的一种，很多一般性的危险源并不会在标准和规程中明确规定，导致后期的危险源数据库在使用时存在遗漏现象。此外，这种方法在辨识过程中对每一个规章条目的具体分解往往会较为复杂且偏宏观，不易在日常工作中落实的内容相对其他方法较多。

三、不同风险辨识顶层设计方法的对比

每一种顶层设计逻辑都有其优缺点，园区在开展风险辨识工作时，需要结合自身实际情况和对未来安全管理的战略设想，采取更加合适、科学的顶层设计逻辑。各种顶层设计逻辑的优缺点见表5-1。

表 5 - 1　各种风险辨识顶层设计逻辑优缺点对比

序号	对比内容	事故类型	专业工种	业务流程	部门场所	相关标准
1	任务结构清晰度	弱	强	强	一般	强
2	涉及人员	少	一般	多	一般	少
3	成果详细程度	不详细	较详细	详细	不确定	较详细
4	准确性、规范性	高	较高	一般	不确定	高
5	危险源重复性	少	一般	多	一般	不重复
6	危险源覆盖范围	较全覆盖	较全覆盖	全覆盖	全覆盖	部分覆盖
7	与人员的对应性	差	较好	好	较好	差
8	与组织的对应性	差	一般	较好	好	差
9	危险源使用灵活	好	较好	一般	差	好
10	辨识任务布置与控制难度	较易	较易	难	易	一般
11	辨识所费时间	短	一般	长	不确定	短
12	危险源培训时间	长	一般	短	一般	短
13	是否独立方法	是	是	是	否	是
14	适用范围	小型、危险源较少的单位	大多数单位	流程复杂且相互交叉的高危单位	一般单位	大多数单位

与风险辨识方法应用类似，风险辨识顶层设计的各种逻辑之间并不是排斥的。除了按业务流程辨识的逻辑相对特殊以外，在企业辨识危险源活动中，往往采取以某一个辨识逻辑为基础，然后在进一步任务细分中采取不同的辨识逻辑。例如可先采用部门场所的逻辑进行顶层设计，然后在每个部门中按照专业工种进行分工；或先按相关标准辨识，然后再按专业工种补全等。此外，在辨识中需要对所有辨识人员强调的是，不仅仅要辨识正常状态下可能存在的危险源，同时也应该对异常状态下可能存在的危险源进行辨识。

四、工业园区风险辨识顶层设计的选择

由于危险源的种类繁多、数量庞大，加之在管理过程中必须要保证对每一个隐患都实现闭合管理，各种以现代 IT 技术为基础的安全管理信息系

统便成为安全管理中最有力的抓手。无论什么样的安全管理信息系统,危险源数据库都是其最基础、最核心的组成部分。

当前很多单位中的安全管理信息系统仍处于 1.0 阶段,即只能实现隐患的闭环管理,而无法实现隐患与危险源的关联,使得危险源数据库只能沦为日常学习或备查的资料。在 2.0 阶段,所有的隐患都应该对应相应的危险源,实现对危险源的持续跟踪和精确管理。在这种情况下,危险源体系设计便成为一个非常重要的影响因素,其必须满足以下几个方面的要求。第一,实现危险源与组织结构的对应,无论是直接责任还是整改、复查责任都应明确落实在组织的某个岗位或工种上。只有这样,才能便于相关人员将危险源和隐患相关联,同时便于后续的整改。第二,危险源编码必须形成模块化,即按照某种逻辑将相关的危险源结合成一个紧密的整体,便于各部门在建立自身个性化的危险源数据库时可以灵活选用。创建单位的组织结构可能会时常发生一定的变化,危险源编码必须有一定的适应性。第三,危险源数据库包含公用部分和个性化部分两个层次,两者之间存在转换关系,即个性化数据库在某种情况下,可以转换成公用部分。只有满足以上 3 个方面的要求,创建单位辨识出来的危险源数据库才能适应不同部门的个性化需要,同时能应对组织机构、工艺流程等变化带来的挑战。

危险源编码模块化对于组织机构调整频繁以及下辖若干企业的集团公司而言,有着非常重要的价值。这种模块化编码可以按照流程展开,也可以按照工种展开。

具体而言,如果按照流程展开风险辨识工作,则需要在流程梳理过程中将所有流程划分成若干个相对独立的小环节,对非常相近的环节采用通用模块;如果按照工种展开,则在每个工种下将涉及不同工艺、场所等的危险源分成不同的模块,即作为最末端的叶节点。这样,在每个单位新成立或数据初始化时,可以根据自身的情况选择通用危险源库中的部分内容,加上少量自身个性化的内容,即可快速生成自己的危险源数据库。

因此,在风险辨识顶层设计时,在明确按照工种或流程识别的顶层设计方案后,还应着重考虑在此基础上的危险源模块化设计思路,从而保证危险源识别工作能够顺利完成,同时也能够满足组织个性化和机构灵活调整的需要。

依据上述要求,事故类型的辨别模式过于粗疏,在使用中存在较大困难，因而较少为创建单位所采用，除按事故类型辨识方式外，另外 4 种顶层设计方式都可以满足需求。当前在创建过程中使用较为广泛的是按业务流程辨识和按相关标准辨识模式。

无论采用哪种方法，风险辨识和管理信息系统中危险源数据库的管理方式都必须同时综合考虑，以保证两者之间能够有效衔接。

第二节　风险辨识的步骤

无论采用哪种辨识顶层规划，确认后都要经历类似的风险辨识步骤。需要指出的是，任何创建单位的初始风险辨识都是一个复杂的过程，会产生各种各样的问题，需要负责的管理人员有清醒的认识，并加强考核以保障工作的有效开展。

一、风险辨识模板和规范的确认

风险辨识结果最直观的反映就是大量的辨识表格。表格中各个数据项的内容直接决定了风险辨识工作量的大小、合规性和未来使用的方便程度。一般而言，各个创建单位辨识出的风险数据库几乎都要应用于相应的安全管理信息系统中，因此在风险辨识模板的设计中就应考虑未来管理信息系统的数据要求。风险辨识模板中的信息大致可分为风险本身的信息、风险等级信息、风险管控信息 3 类，不同的只是每一类信息中的具体数据项会根据各个园区的不同而有所不同。

明确风险辨识模板后，还需要对该模板中的每一个数据项的含义、取值类型、范围等予以明确的定义，并详细解释每一个数据项的取值方法，确保所有人制作的风险辨识结果具有相同的标准。很多创建单位在风险辨识时忽视了这方面的工作，不是事先详细讨论各个数据项的取值规则，而是在辨识过程中不断完善。这种模式经常会带来大量的返工问题，如一个组员就某个数据项的取值提出疑问后，往往会发现其他组员可能已经根据自己的理解进行了处理；更复杂的是，不同的人理解亦不同。因此，无论结果如何，都会有人需要对自己已经完成的辨识结果进行调整。显然，不提前考虑辨识规范会导致整个风险辨识的时间、质量、工作量等都得不到保证。即使在风险辨识之初难以考虑到所有可能出现的问题，也应考虑到尽可能多的因素，使后期需要讨论的问题最少化。

二、风险辨识方法

风险辨识依据国内外相关法律、法规、规程、规范、条例、标准和其他要求，相关的事故案例、技术标准、规章制度、作业规程、操作规程、安全技术措施等相关信息以及其他相关资料展开，不同的辨识方法对于资料的要求有所不同，创建单位可以根据员工素质、资料积累情况、期限、管理要求等进行选择，也可以综合采用多种方法。常见的辨识方法有：工作任务分析法、直接询问法、现场观察法、查阅记录法等直接经验分析法和事故树分析法、安全检查表法、预先危险性分析法等系统安全分析法。

1．工作任务分析法

工作任务分析法是把一项作业活动分解成几个步骤，辨识整个作业活动以及每一步骤中的危害及其危险性。在辨识过程中，以清单的形式列出系统中所有的工作任务以及每项任务的具体工序，对照相关的规程、条例、标准，并结合实际工作经验，分析每道工序中可能出现的危害因素。该方法需要合理划分工作任务，优点是与员工的工作结合紧密；不足之处是容易缺失，也容易造成重复。

2．直接询问法

直接询问法是组织有现场工作经验的人员进行交谈，询问具体工作有哪些危害因素，根据交谈来初步辨识出工作中存在的危险源。该方法对于被询问对象有较高的要求，适用于员工素质较高，而辨识人员经验不足的情况，或用于完善已经完成的辨识结果。

3．现场观察法

现场观察法是通过对工作环境的现场观察，辨识系统中存在的危险源。要求现场观察的人员要具有安全技术知识和掌握完善的职业健康安全法规、标准，观察人员还必须有着丰富的现场工作经验，且对于风险辨识也有充分的了解。

4. 查阅记录法

查阅记录法是查阅生产单位事故、职业病的记录及从有关类似单位、文献资料、专家咨询等方面获取有关危险信息，加以分析研究，辨识出系统存在的危险因素。该方法针对性强，可找出能造成事故的直接原因，但对于一般性的问题缺乏系统性分析，辨识结果的覆盖范围较小，应用范围较窄。

上述几种方法都属于直接经验分析法，它们都是在大量实践经验基础上，依据安全技术标准、安全操作规程和工艺技术标准等进行分析，对系统中存在的危险源作出定性的描述。

5. 事故树分析法

事故树分析法（Accident Tree Analysis，ATA）又称为故障树分析或事故逻辑分析，是一种用于表示导致灾害事故（或称为不希望事件）发生的各种因素之间的因果及逻辑关系图。这种由事件符号和逻辑符号组成的模式图，用以分析系统的安全问题或系统的运行功能问题，并为判明灾害或功能故障的发生途径及导致灾害（功能故障）各因素之间的关系，提供了一种形象而简洁的表达方式。该方法主要用于分析系统中各类事故产生的原因，其优点是既适用于定性分析，又能进行定量分析，体现了以系统工程方法研究安全问题的系统性、准确性和预测性。该方法的缺点是专业性要求非常强，对于辨识人员自身的要求非常高，既要非常懂现场，又要非常懂技术，同时还要熟悉辨识的方法和辅助软件工具等。因此，事故树分析法在各行业应用并不广泛，少量用于重大事故的风险分析。

6. 安全检查表法

安全检查表法是为了系统地找出各类系统中存在的危害因素，把系统加以剖析，列出各层次的危害因素，然后确定检查项目，以提问的方式把检查项目按系统的组成顺序编制成表，以便进行检查或评审，这种表就叫作安全检查表。安全检查表是进行安全检查、发现和查明各种危险和隐患、监督各项安全规章制度的实施、及时发现并制止违章行为的一个有力工具。但对于初始的风险辨识而言，安全检查表法的缺陷比较明显，因为如果已有准确的安全检查表，那风险辨识工作应该已经完成了，而不是再次进行辨识，这是一个矛盾的地方。但安全检查表是风险辨识工作中一种重要的参考方法，尤其是对于辨识结果的完善来说。

7. 预先危险性分析法

预先危险性分析法又称为初步危险性分析法，是在进行某项工程活动（包括设计、施工、生产、维修等）之前，对系统存在的各种危险因素（类别、分布）、出现条件和事故可能造成的后果进行宏观、概略分析的系统安全分析方法。

该方法主要用于对危险物质和主要工艺、装置等进行分析。通过对生产装置及工艺、设备的安全性进行危险性预先分析，辨别装置的危险部位、主要危险特性以及可导致重大事故的缺陷和隐患，防止这些危险发展成事故。常用于涉危作业、设备、工艺等的风险分析。

工业园区存在的风险复杂多样，仅靠一种方法难以辨识完整，在创建单位风险辨识实际工作中，需要综合运用多种辨识方法。但无论采用哪种方法，都应对园区的所有系统及活动区域进行风险辨识，而不仅仅辨识一些重点灾害因素。辨识的主要内容包括人的不安全行为、物的不安全状态、环境的不安全因素、管理的缺陷等。

（1）人的不安全行为：操作不安全性（误操作、不规范操作、违章操作）；现场指挥的不安全性（指挥失误、违章指挥）；失职（不认真履行本职工作任务）；决策失误；身体状况不佳的情况下工作；在工作中心理状态异常；人员的其他不安全因素，等等。

（2）物的不安全状态：存在危险有害物质；工艺过程不合理；没有按规定配备必需的设备；设备选型不符合要求；设备安装不符合规定；设备数量不符合规定；设备保护无效、不齐全；防护设施不齐全、不完好；设备警示标识不齐全、不清晰、不正确；设置位置不合理；其他物的不安全因素，等等。

（3）环境的不安全因素：照明光线不良；通风不良；作业场所狭窄；作业场地杂乱；交通线路的配置不安全；操作工序设计或配置不安全；地面滑；环境温度、湿度不当，等等。

（4）管理的缺陷：组织结构不合理；组织机构不健全，职责不明晰；规章制度不健全、不符合实际；文件、记录管理不符合要求；管理标准与管理措施、安全技术措施的编制、审批、管理不符合规定，贯彻学习不到位；未根据风险评估及本单位生产计划编制应急预案，应急预案不完善、不合理；岗位职责不明，设置不合理；员工安全教育培训不符合规定；未开展班组建设活动，没有有效的本质安全文化；其他管理的不安全因素，等等。

三、风险辨识人员的选取和培训

风险辨识是一项基础性的工作，对于工业园区双重预防机制建设的效果具有决定性的影响。这项工作需要参与人员熟悉现场、懂技术，会辨识方法，而且工作量往往比较大，因而在人员的选择上非常重要。在很多单位的风险辨识工作中，大量的经验、教训往往都集中在风险辨识环节。这些事实更加突显了风险辨识人员选取的重要性。在选取辨识人员后，要妥善处理辨识人员与原部门、双重预防机制建设小组等组织之间的关系。

培训主要是对辨识方法和辨识模板、规范的学习，确保小组内部对相关内容的理解合理、一致，保证最终辨识的质量。由于辨识人员并不多，且工作中存在的不确定性问题很多，因而培训过程中应允许随时提问，也可在培训完成后，组织人员进行讨论等。

四、风险辨识结果的审核

由于风险辨识是一个临时性的任务，所召集的人员都是来自各个部门，虽然已经进行过培训，统一了辨识规范，但仍无法保证辨识结果的科学性和准确性。尤其是有些辨识人员对一些具体规则的理解有所不同，不同人员的素质和责任心等也有不同，辨识结果难以保证质量。在大量的相关实践中，常见的问题如某些项目归类错误、描述过于简单、书写不规范、大量重复等，给最终的使用带来了明显的负面影响。因此，对于辨识小组提交的辨识结果应组织相关专家进行审核。

审核包括格式审核和内容审核两类。格式审核主要是从格式出发，重点关注辨识的各个项目格式是否符合辨识规范的要求；内容审核则从专业出发，重点关注的是每一项风险辨识项目的科学性和准确性。

五、风险辨识结果的再辨识与发布

辨识结果经审核后，审核人提交具体审核意见，并就其中的共性问题进行重新培训、讨论，组织辨识小组进行新一轮的辨识结果修改。一般情况下，经过 2～3 轮的辨识结果审核，风险辨识结果基本上就能够满足双重预防机制运行的需要，经园区技术负责人签字后，在园区内予以发布。

考虑到不同创建单位辨识时的经验和实际困难等，有时即使经过若干轮的审核修改后，仍存在一定的错误。这种情况下，风险辨识小组可以停止辨识工作，而在后续的双重预防机制运行过程中不断予以完善。

风险辨识是双重预防机制运行的理论和实践基础，由于风险辨识工作具有复杂性和艰巨性，其结果对于后续风险管控和隐患排查工作具有决定性的影响，可以说双重预防机制建设近一半的工作量都集中于该环节，因此每一个决定建设双重预防机制的园区都应对之予以足够的重视。

第三节　安全风险评估

风险辨识与评估的内容取决于创建单位安全管理的目标、思想、办法等，如有的单位要求所有的安全管理都要有明确的来源，对每项要求的来源有严格的要求，即希望按文件辨识风险；而有些企业则要求每个风险要落实到员工的日常工作中，易于员工掌握，可能非常重视流程划分。具体采用哪种方法，取决于创建单位的管理目标，在规范制定时都应经过慎重讨论，尽量避免在辨识过程中或辨识结束后重新进行调整。但无论采用哪一种方法，基本都包括风险自身信息、风险评估信息、风险管控信息 3 类信息。

一、风险自身信息

风险自身信息包括专业属性、危险源名称、作业活动、风险描述、伤害类别和事故类型等。

（1）专业属性是落实风险管控的主要专业，主要分为火灾爆炸、危险化学品、特种设备、电气设备、基础建设、管道、运输、通风、危险作业（特殊作业）、洪涝、爆破、监控与通信、职业病危害防治、应急救援等属性。

（2）危险源名称是对危险源的命名，以名词为结尾。危险源名称并不与风险类型一一对应，可以将之尽量与环境要素、机器要素相对应。考虑到风险管控的要求，危险源名称更多反映第一类危险源的主体。危险源名称一般可分为以下几类。

岗位：与责任岗位对应的具体岗位名称。

物品：各种设备、劳动工具、设施的名称等。值得注意的是，同一个设备上的部件要使用同一个名称。

环境：工作时的空间环境状况，如有害气体浓度、温度、不安全支护、底板不平整、摆放不整齐、无紧急避险所等。

管理要素：涉及"制度、规程、措施、图纸"等内容时，可以将管理对象写为对应的"制度、规程、措施、图纸"等，也可以以管理要素的责任岗位作为危险源名称。

（3）作业活动是指该危险源所涉及的作业活动。作业活动不要过于详细，要以一个相对完整的任务为依据，如不要把工作前准备单独作为一个作业活动，因为它是整个作业的组成部分。

（4）风险描述是对该危险源可能造成的风险的具体描述，让人可以更准确了解风险的情况。很多地方的风险描述过于简单，如水灾、火灾等，且内容与隐患描述类似，不利于在日常管控中明确风险的情况。一般而言，风险描述至少应包含"风险＋后果"，如"设备外壳漏电/接地不良导致触电"。

（5）伤害类别为该风险所造成的伤害种类，按照国家职业伤害的类别划分，伤害类别可以分为：物体打击、车辆伤害、机械伤害、起重伤害、触电、淹溺、灼烫、火灾、高空坠落、坍塌、冒顶片帮、透水、爆破、瓦斯爆炸、火药爆炸、锅炉爆炸、容器爆炸、其他爆炸、中毒和窒息以及其他伤害。

（6）事故类型在不同行业有所不同。

煤矿事故类型主要分为以下8类：

①瓦斯事故：瓦斯、煤尘爆炸或燃烧，煤（岩）与瓦斯突出，瓦斯窒息（中毒）等。

②顶板事故：冒顶片帮、顶板掉矸、顶板支护垮倒、冲击地压、露天煤矿边坡滑移垮塌等。底板事故视为顶板事故。

③机电事故：机电设备（设施）导致的事故，包括运输设备在安装、检修、调试过程中发生的事故。

④爆破事故：爆破崩人、触响拒爆造成的事故。

⑤水害事故：地表水、老空水、地质构造水、工业用水造成的事故及溃水、溃砂导致的事故。

⑥火灾事故：煤与矸石自然着火和外因火灾造成的事故（煤层自燃未见明火逸出情况下的有害气体中毒算为瓦斯事故）。

⑦运输事故：运输设备（设施）在运行过程中发生的事故。

⑧其他事故：以上7类以外的事故。

危险化学品事故类型主要分为以下6类：

①危险化学品火灾事故：指燃烧物质主要是危险化学品的火灾事故，具体形式有易燃液体火灾、易燃固体火灾、自燃物品火灾、遇湿易燃物品火灾、其他危险化学品火灾等。

②危险化学品爆炸事故：指危险化学品发生化学爆炸事故或液化气体和压缩气体的物理爆炸事故，具体包括爆炸品的爆炸，易燃固体、自燃物品、遇湿易燃物品的火灾爆炸，易燃液体的火灾爆炸，易燃气体爆炸，危险化学品产生的粉尘、气体、挥发物的爆炸，液化气体和压缩气体的物理爆炸，其他化学反应爆炸。

③危险化学品中毒和窒息事故：指人体吸入、食入或接触有毒有害化学品或者化学品反应的产物，而导致的中毒和窒息事故，具体分为吸入中毒事故、接触中毒事故、误食中毒事故、其他中毒和窒息事故。

④危险化学品灼伤事故：指腐蚀性危险化学品意外地与人体接触，在短时间内即在人体被接触表面发生化学反应，造成明显破坏的事故。

⑤危险化学品泄漏事故：指气体或液体危险化学品发生了一定规模的泄漏，虽然没有发展成为火灾、爆炸或中毒事故，但造成了严重的财产损失或环境污染等后果的危险化学品事故。

⑥其他危险化学品事故：指不能归入上述5类危险化学品事故之外的其他危险化学品事故。主要指危险化学品的险肇事故（未遂事故），即危险化学品发生了人们不希望的意外事件，如危险化学品罐体倾倒、车辆倾覆等，但没有发生火灾、爆炸、中毒和窒息、灼伤、泄漏等事故。

道路交通事故类型主要分为以下7类：

①碰撞：指以一定的速度发生在机动车之间、机动车与非机动车之间、机动车与行人之间、非机动车之间、非机动车与行人之间以及车辆与其他物体之间的直接接触。

②碾压：指作为交通强者的机动车对交通弱者（如骑车人或行人）的推碾或滚压的现象。

③刮擦：指车辆的侧面与他方接触，造成自身或他方损坏的现象。

④翻车：指车辆在行驶中因受侧向力的作用，使部分或全部车轮悬空，车身着地的现象。

⑤坠车：指车辆整体跌落到与道路路面有一定高度差的道路以外区域的现象。

⑥爆炸：指车辆在行驶过程中由于振动等原因引起爆炸物品突爆而造成的事故。

⑦失火：指在行驶过程中未发生违法行为，而是由于某种人为的或技术上的原因引起的火灾，即车辆发生燃烧的现象。

建筑施工生产安全事故类型较多，房屋和市政工程的主要事故类型有高处坠落、物体打击、坍塌、起重伤害、机械伤害等，其中房屋和市政工程较大事故类型主要有土方坍塌、起重伤害、模板支撑体系坍塌、吊篮倾覆、中毒和窒息、火灾和爆炸、脚手架坍塌、车辆伤害、机械伤害、其他坍塌等。

二、风险评估信息

风险辨识出来后，就应对风险的大小进行评估，为后续的风险分级提供依据。风险评估的信息主要是对风险大小、程度进行评估的相关信息，风险评估信息包括：风险等级、风险类型等。

可能造成的风险及后果描述：风险发生作用对象，以及最后可能会造成的结果。一般从发出者、动作和承受者、后果几方面描述。

风险评估是指评估风险大小以及确定风险是否可容许的全过程。风险评估的核心是对风险发生的可能性和造成后果的严重性进行权衡，对面对风险的整体危险性进行评估。比较常用的评估方法有风险矩阵评估法、LEC 法和 MES 法。

（一）风险矩阵评估法（作业风险分析方法）

风险矩阵评估法所依据的风险等级划分表包括事故发生的可能性和后果严重性这两个维度，从而形成一个风险数值的矩阵，风险数值计算出来后，根据该数值在矩阵中的位置，判断该风险的等级。矩阵法用 R 表示风险值的大小，其计算方法如下：

$$R = L \times S$$

式中，R——危险源风险值；

L——发生事故的可能性；

S——发生事故的后果严重性。

风险矩阵见表 5 - 2。

表 5 - 2 风险矩阵

	风险矩阵	一般风险（Ⅲ级）	较大风险（Ⅱ级）		重大风险（Ⅰ级）		有效类型	赋值	可能造成的损失	
									人员伤害程度及范围	由伤害估算的损失
低风险（Ⅳ级）	6	12	18	24	30	36	A	6	多人死亡	500 万元以上
	5	10	15	20	25	30	B	5	一人死亡	100 万元到 500 万元
	4	8	12	16	20	24	C	4	多人受严重伤害	4 万元到 100 万元
	3	6	9	12	15	18	D	3	一人受严重伤害	1 万元到 4 万元
	2	4	6	8	10	12	E	2	一人受到伤害，需要急救；或多人受轻微伤害	2 000 元到 1 万元
	1	2	3	4	5	6	F	1	一人受轻微伤害	0 元到 2 000 元
	1	2	3	4	5	6	赋值			
	L	K	J	I	H	G	有效类型			
	不能	很少	低可能	可能发生	能发生	有时发生	发生的可能性			

表 5 - 2 中将发生事故的后果严重性（S）分为 6 类（即 A ~ F），依次递减赋值为 6 ~ 1；发生事故的可能性（L）分为 6 类（即 G ~ L），依次递减赋值为 6 ~ 1。

根据 R 值进行风险等级划分的标准见表 5 - 3。

表 5 - 3　风险等级划分标准

序号	风险值（R）	风险等级	备注
1	30 ~ 36	重大风险	Ⅰ级
2	18 ~ 25	较大风险	Ⅱ级
3	9 ~ 16	一般风险	Ⅲ级
4	1 ~ 8	低风险	Ⅳ级

根据表 5 - 3 中风险值（R）的大小，可将风险分为 4 个等级，即低风险、一般风险、较大风险和重大风险。

矩阵法评估风险大小时，首先评估该事故发生的可能性。可能性是指危险源带来事故的可能性，考虑可能性大小时，应根据单位对此危险源的管理程度和以往事故统计或经验进行综合模糊判断。从 1 到 6 打分，1 表示本单位几乎不会发生这种情况；6 表示时常会发生。不好确定事故发生的可能性时，可以对照表格给定值集体讨论确定。其次评估发生事故的后果严重性。对"可能发生事故的后果严重性"的确定需要建立在假设的基础之上，即假设在事故实际发生的情况下，估计会造成什么样的损失。事故发生后可能造成的后果有多个时，按照风险管理的要求，取各种后果中最为严重的一个来确定"可能发生事故的后果严重性"。赋值后，根据单位实际管控状况和接受程度，重新判断赋值合理性，并做出相应的调整。

（二）LEC 法（作业条件危险分析法）

所谓 LEC 法，意思是其风险评估从三方面考虑：事故或危险事件发生的可能性、人体暴露于危险环境的频率和事故发生的后果。每一方面用一个字母表示，故称之为 LEC 法。

LEC 法用 D 表示风险值的大小，其风险计算公式为：

$$D = L \times E \times C$$

式中，L——发生事故或危险事件的可能性，其取值见表 5 - 4；

E——人体暴露于危险环境的频率，其取值见表5-5；

C——一旦发生事故可能产生的后果，其取值见表5-6；

D——危险性分值，其取值见表5-7。

表5-4　LEC法 L 的取值

序号	L 的取值	事故或危险事件发生的可能性
1	10	完全可以预料
2	6	相当可能
3	3	可能，但不经常
4	1	可能性小，完全意外
5	0.5	极不可能，可以设想
6	0.2	极不可能
7	0.1	实际不可能

不好确定可能性时，可以对照表格给定值，集体讨论确定。赋值后，可倒推风险大小，根据实际管控状况和接受程度重新判断赋值合理性。

表5-5　LEC法 E 的取值

序号	E 的取值	人体暴露于危险环境的频率
1	10	连续暴露
2	6	每天工作时间内暴露
3	3	每月一次或偶然暴露
4	2	每月一次暴露
5	1	每年一次暴露
6	0.5	非常罕见暴露

表5-6　LEC法 C 的取值

序号	C 的取值	发生事故的后果
1	100	10人以上死亡
2	40	3~9人死亡
3	15	1~2人死亡
4	7	严重
5	3	重大，伤残
6	1	引人注意

表 5 - 7　LEC 法 D 的取值

序号	D 的取值	危险程度
1	$D \geqslant 270$	重大风险
2	$140 \leqslant D < 270$	较大风险
3	$70 \leqslant D < 140$	一般风险
4	$D < 70$	低风险

需要予以说明的是，在计算出某个风险的等级后，应核实其是否与创建单位规定的风险管理层次相冲突。如果出现冲突，一般是风险评估的风险发生可能性或后果严重性等不合理，可调整前面危险源发生可能性或可能造成损失的赋值，使风险评估结果能够得到有效应用。

风险类型分为人、机、环、管、技，体现风险是由哪方面的因素造成。

（1）人——人的不安全行为，一般指明显违反安全操作规程的行为，这种行为往往直接导致事故发生。例如，运行人员发生失误操作事故，检修人员未执行停电挂牌制度等。

（2）机——物的不安全状态，是指机械设备、物质等明显不符合安全要求的状态。例如，没有防护装置的传动齿轮、裸露的带电体等。物的不安全状态可能直接使控制措施失效而发生事故。例如，电线绝缘损坏发生漏电；管路破裂使其中的有毒、有害介质泄漏，等等。

（3）环——主要指系统运行的环境，包括温度、湿度、照明、粉尘、通风换气、噪声和振动等物理环境。

（4）管——管理上存在失误导致人的不安全行为或物的不安全状态发生。主要表现为以下方面：

①工程设计使用的材料有问题，未达到质量要求等，造成物的不安全状态。

②安全管理不科学，安全组织不健全，安全生产责任制不明确或贯彻不力。

③安全工作流于形式，出了事故抓一抓，上级检查抓一抓，平常无人负责。安全措施不落实，不认真贯彻安全生产的方针。

④对职工不进行思想教育，劳动纪律松弛。

⑤忽略防护措施，机器设备无防护保险装置，安全信号失灵，通风照明不符合要求，安全工具不齐备，存在的隐患没有及时消除。

⑥分配工人工作缺乏适当程序，用人不当。

⑦安全教育和技术培训不足或流于形式，对新工人的安全教育不落实。

⑧安全规程、劳动保护法规落实不力，贯彻不彻底，没有做到横向到边，纵向到底。

⑨事故应急预案不落实，对事故报告不及时，调查、处理不当，法治观念不强，执法不严等。

（5）技——主要指技术措施不到位。

（三）MES 法（作业条件风险程度评估法）

1. 作业条件风险程度评估法特点与适应性

作业条件风险程度评估法评估人们在某种具有潜在危险的作业环境中进行作业的危险程度，该方法简单易行，危险程度级别划分比较清楚、醒目。此方法只能半定量，方法中影响危险性因素的分值主要是根据经验来确定的，因此具有一定的主观性和局限性。

2. 作业条件风险程度评估法实施步骤

作业条件风险程度评估法的评估步骤如下：

（1）以类比作业条件比较为基础，由熟悉类比条件的设备、生产、安技的人员组成专家组。

（2）对于一个具有潜在危险性的作业条件，确定事故的类型，找出影响危险性的主要因素：发生事故的可能性大小；人体暴露在这种危险环境中的频繁程度；一旦发生事故可能会造成的损失后果。

（3）由专家组成员按规定标准对 M、E、S 分别评分，取分值集的平均值作为 M、E、S 的计算分值，用计算的危险性分值（R）来评估作业条件的危险性等级。用公式来表示则为：

$$R = M \times E \times S$$

①控制措施的状态 M 的赋值。

对于特定危害引起特定事故（这里"特定事故"一词既包含"类型"的含义，如碰伤、灼伤、轧入、高处坠落、触电、火灾、爆炸等，也包含"程度"的含义，如死亡、永久性部分丧失劳动能力、暂时性全部丧失劳动能力、仅需急救、轻微设备损失等）而言，无控制措施时发生的可能性较大，有减轻后果的应急措施时发生的可能性较小，有预防措施时发生的可能性最小。控制措施的状态 M 的赋值见表 5 - 8。

表 5 - 8　控制措施的状态 M 的赋值

分值	控制措施状态
5	无控制措施
3	有减轻后果的应急措施，如警报系统、个体防护用品
1	有预防措施，如机器防护装置等，但须保证有效

②人体暴露于危险状态的频繁程度或危险状态出现的频次 E 的赋值。

人体暴露于危险状态的频繁程度越大，发生伤害事故的可能性越大；危险状态出现的频次越高，发生财产损失的可能性越大。人体暴露于危险状态的频繁程度或危险状态出现的频次 E 的赋值见表 5 - 9。

表 5 - 9　人体暴露于危险状态的频繁程度或危险状态出现的频次 E 的赋值

分值	频次	
	E_1（人身伤害和职业相关病症）：人体暴露于危险状态的频繁程度	E_2（财产损失和环境污染）：危险状态出现的频次
10	连续暴露	常态
6	每天工作时间内暴露	每天工作时间内出现
3	每周一次，或偶然暴露	每周一次，或偶然出现
2	每月一次暴露	每月一次出现
1	每年几次暴露	每年几次出现
0.5	更少的暴露	更少的出现

注：（1）8 小时不离工作岗位，选取"连续暴露"；危险状态常存，选取"常态"。

（2）8 小时内暴露一至几次，选取"每天工作时间内暴露"；危险状态出现一至几次，选取"每天工作时间内出现"。

③事故的可能后果 S 的赋值。

表5-10表示按伤害、职业相关病症、财产损失、环境影响等方面不同事故后果的分档赋值。

表5-10 事故的可能后果 S 的赋值

分值	事故的可能后果			
	伤害	职业相关病症	财产损失（万元）	环境影响
10	有多人死亡		>1 000	有重大环境影响的不可控排放
8	有1人死亡或多人永久失能	职业病（多人）	101~1 000	有中等环境影响的不可控排放
4	永久失能（1人）	职业病（1人）	11~100	有较轻环境影响的不可控排放
2	需医院治疗，缺工	职业性多发症	1~10	有局部环境影响的可控排放
1	轻微，仅需急救	职业因素引起的身体不适	<1	无环境影响

注：表中财产损失一栏的分档赋值，可根据行业和企业的特点进行适当调整。

④风险程度 R 的计算。

将控制措施的状态 M、暴露的频繁程度 E（E_1 或 E_2）、一旦发生事故会造成的后果 S 分别分为若干等级，并赋予一定的相应分值。计算风险程度 $R = M \times E \times S$。

将 R 分为若干等级，确定风险程度 R 的级别。风险程度 R 的分级见表5-11。

表5-11 风险程度 R 的分级

序号	风险程度 R 值	风险程度等级
1	$R \geq 180$	一级
2	$90 \leq R \leq 150$	二级
3	$50 \leq R \leq 80$	三级
4	$20 \leq R \leq 48$	四级
5	$R \leq 18$	五级

三、风险管控信息

风险管控主要是根据各方面的法律、法规、条例、规定等，对防范风险的管控措施、管控责任岗位等进行的规定。

管控措施及规程条款辨识，应对园区的规定、文件、办法等进行拆分。在按文件辨识时，可以先填写规程条款、管控措施等，然后再依次确定其他项目。一些条款内容较长时，可将规程中相应条款的原文根据需要分段单独描述。单独描述时，"规程条款"要补全条款号。

管控措施是指工业园区为了实现管控标准而对责任岗位、监管部门等提出的相关要求和措施。

常见的管控措施包括技术措施、管理措施、培训教育措施、个体防护措施、应急处置措施 5 个方面，即采用怎样的方法和手段（监督、检查、培训、检修、维护）才能让危险源/风险的状态或行为符合标准要求。

责任岗位是指负责管控风险、消除隐患的直接责任人的岗位名称，如不同工种的员工、班组长等人员的具体岗位名称。

注意，要从本单位的已有岗位中选择，尽量不使用简称，如"安全检查员""安检员"，可以选择其中一个，但必须统一。相同名称的岗位，如果工作内容和要求不同，应该使用不同的名字加以区别，如"供水设备员""消防设备员"等，而不要统一使用"设备员"。

园区在设计辨识指南时，应根据上述基本原则和园区实际情况以及管理目标进行设计，而不宜简单地将其他单位的辨识指南直接拿过来使用。上述辨识要求应在辨识小组内部进行充分的讨论和培训，以确保每一个人对辨识方法的理解都是准确一致的。

第四节　安全风险分级

一、风险控制措施策划与风险分级管控考核方法

1. 风险控制措施策划

创建单位应依次按照工程控制措施、安全管理措施、个体防护措施以及应急措施四个逻辑顺序对每个风险点制定精准的风险控制措施。

2. 风险分级管控考核方法

为确保该项工作有序开展及事故纵深预防效果，创建单位应对风险分级管控制定、实施内部激励考核方法。

二、风险分级控制

（一）安全生产风险等级划分

在对单元风险进行评估的基础上，还要对各区域的风险进行综合评估。对于每个生产区域，可以根据安全风险关联或组合情况，按照短板原理选择单元安全风险的最高等级作为该生产区域的安全风险等级，也可采用综合加权的方法确定该区域安全风险等级。

创建单位要根据风险评估分级的结果，分别用红色、橙色、黄色、蓝色标示重大风险、较大风险、一般风险和低风险的生产区域。采用不同评估方法的划分标准，参见表5-12。

表5-12　风险分级表

风险等级	风险矩阵法	LEC法	MES法
红	Ⅰ级	$D \geqslant 320$	$R \geqslant 180$
橙	Ⅱ级	$160 \leqslant D < 320$	$90 \leqslant R \leqslant 150$

（续上表）

风险等级	风险矩阵法	LEC 法	MES 法
黄	Ⅲ级	$70 \leqslant D < 160$	$50 \leqslant R \leqslant 80$
蓝	Ⅳ级	$D < 70$	$R \leqslant 48$

（二）风险控制责任

（1）生产经营单位是安全生产风险管控的主体，应主动查找风险，并根据辨识和评估的安全生产风险等级，明确安全风险分级管控岗位的责任，按照治理负责单位，分为班组级、科室级、部门级、园区级等，由各级负责管理。本级能够控制的，不得推给上一级。

（2）对于生产经营单位自身无法解决，需要政府协调的风险，按照相关规定及时上报政府相关部门。

①一级风险必须由园区级直接领导管控，对预控措施按立项要求制订管控方案和具体实施计划，明确相应的责任、时间和具体措施，保证相应的资源投入，综合运用工程技术和管理等措施，将预控措施纳入相应的安全操作规程，全面整改，降低风险级别。不能立即整改的，必须制定相应的日常监测技术手段。

②二级风险可由风险源所在部门级管控，园区级提供支持。制订管控计划，明确相应的责任、时间和具体措施，保证相应的资源投入，优先运用工程技术措施，同时采取管理措施，视需要将预控措施纳入相应的安全操作规程，降低风险级别。不能立即整改的，必须制定相应的日常监测技术手段。

③三级风险主要由科室级管控，科室级提出管控要求，明确相应的责任、时间和具体措施，保证相应的资源投入，视需要运用工程技术措施，主要采取管理措施，对相关人员进行培训，对措施的落实情况进行监督检查，对人员的管控能力进行考核。

④四级风险由班组或岗位管控，明确具体措施并落实，相关人员应了解风险源和管控情况。

第五节　安全风险管控

一、生产经营管理活动基本要求

生产经营管理活动是指园区管理层级的各职能部门在生产经营过程中按流程所开展的业务活动，是园区生产经营活动的重要组成部分。

生产经营管理活动风险防控工作是以各管理层级生产经营活动为主线，依据主营业务流程，梳理生产管理活动，按照可能导致风险后果的因素或条件，分析与评估存在的风险，制定风险管控流程，落实分级防控责任。

主要工作内容包括：制定风险管控流程和方法，确定各管理层级重点防控风险，完善安全生产管理规章制度和应急预案；组织运行维护园区生产安全风险防控信息库，及时更新相关信息；落实各管理层级生产安全风险防控责任；制订园区级生产安全风险防控方案。

二、生产经营管理活动风险防控工作流程

生产经营管理活动风险防控工作既要考虑职能业务活动存在的风险，也要考虑高危作业和非常规作业、变更管理、承包商管理等重点环节存在的危险，还要考虑动态风险管理，要通过管理活动梳理和生产管理风险分析，明确各个层级的风险管控重点。

1. 成立组织机构

一般成立园区层面领导小组、工作小组，领导小组可以由安全生产委员会代替，工作小组可以由专业委员会代替或按照"业务主管部门主导，相关职能部门参与，安全管理部门指导协调和监督落实"的原则组建。

2. 制订工作方案、培训和启动

工作组负责制订风险防控工作推进方案。方案要明确组织方式、工作目标和任务、进度安排，责任应落实到部门、岗位和人员，包括启动、培训、督导和检查工作的策划以及试点、示范的安排等，提交领导小组审议

批准后，在园区内发布实施。组织启动会，同时进行培训，明确要求。

3. 确定活动清单

组织园区各管理层级、各部门按照业务活动梳理管理流程，对关键岗位进行划分，例如设备管理业务，从采购、监造、安装、检验、报废处置等方面划分，形成管理活动清单。入园企业的活动清单可参照园区活动方式管理。

4. 建立风险清单

组织园区各管理层级、各部门按照管理活动清单，分析管理活动各环节可能存在的风险，形成管理风险清单，报经工作小组讨论、确定，返回各部门和业务管理人员，针对确定的风险，从全员安全生产责任制、规章制度和标准规范完善、培训以及应急等方面研究提出具体的管控措施。

5. 完善管控措施

工作小组提出把管控措施分解到相关部门及管理岗位的方案，报经领导小组审议后，发布实施。各管理部门将管控措施落实到岗位职责完善、规章制度修订、专业检查表健全和培训矩阵编制之中。

6. 制订风险防控方案

对工作小组评议、领导小组审议确定的园区级风险，由业务主管部门负责组织制订相应的生产经营安全风险防控方案，报经工作小组讨论通过，经批准后发布实施，并按要求进行备案。

三、生产经营管理活动梳理工作模式

生产经营管理活动梳理是管理活动风险防控的基础工作。通过对园区组织机构、管理岗位设置及职责要求，适用的法律法规、标准规范、园区规章制度要求，危害因素辨识和风险分析情况，风险防控措施制定和落实情况等信息的收集，全面了解现状和存在的问题，为管理活动的风险分析提供基础保障。

结合工业园区管理架构，组织梳理各管理层级生产管理活动内容，包括规划计划、人事培训、生产组织、工艺技术、设备设施、物资采购、工程建设等职能部门和管理岗位，按生产经营主营业务流程，以管理职能业务活动、非常规作业管控及与生产经营活动密切相关的安全管理事项等为重点，编制生产经营管理活动清单。

管理活动梳理可以基于每一职能部门的业务开展梳理，也可以基于整个园区的业务流程开展梳理。

1. 现状调查

对现有机构设置、岗位职责及岗位说明书进行调查，初步理顺各专业所涉及的生产管理活动。

2. 活动梳理

对每项职能进行梳理，结合生产经营流程及内控流程，核实确认一级管理活动。

3. 流程拆分

针对每个一级管理活动的内容，按照流程及管理内容细化出二级、三级生产经营管理活动。

4. 流程整理

合并相同生产经营管理活动内容，规范术语，确定生产经营管理活动清单。

5. 流程核对

应用以上方法确定从园区主管部门到所属班组、岗位管理层面生产经营活动清单，并与上一级生产经营管理活动内容有效对接。

6. 业务描述

对根据梳理确认的生产经营管理活动进行具体业务描述。

四、生产经营管理活动风险分析与评估

在生产经营管理活动梳理的基础上，园区应根据生产经营主营业务实际，进行风险分析与评估。

（一）生产经营管理活动风险分析方法

生产经营管理活动风险分析可以灵活采用访谈、现场观察、标准比对、合规性评价、经验分析、头脑风暴、会议研讨等方式方法，分析确认园区、专业领域或部门、班组、岗位存在的重大风险、较大风险、一般风险和低

风险，确认现有风险控制措施是否有效，风险分析结果应形成记录或报告。

（1）生产经营管理活动风险分析中主要关注的内容包括：业务存在不符合法律法规、部门规章、标准规范和要求的问题；安全生产组织机构不健全；业务管理流程不畅、职责不清，全员安全生产责任制未落实；安全生产管理规章制度不完善；安全生产投入不足；工艺变更安全管理存在缺陷；承包商安全管理存在问题；新技术、新工艺、新设备、新材料安全管理存在问题；HSE管理体系审核发现问题；对照先进管理发现存在安全生产薄弱环节，等等。

（2）需要重新进行风险分析的情况：相关法律法规、标准规范要求发生变化时；工艺技术、作业活动、设备设施等发生变更的情况；新技术、新工艺、新设备、新材料引进、采用前；业务范围发生变化时；近期国内外同类行业领域发生事故后；有重大活动或临时性高风险活动前。

园区应结合风险评估结果，确定风险对应的管理层级和重点防控内容。

（二）重大风险确定方法

根据基层岗位风险分析与评估实际，以及园区现有的规模和生产经营实际现状，通过采用安全统计学的方法，总结确定园区及入园企业存在的重大安全风险。

1. 大量观察法

大量观察法是指通过统计基层岗位可能发生的重大风险事件及其概率，总结概括出总体的重大风险事件的规律性。

大量观察法的特征：大量性（相同的风险样本）和变异性（不同单位之间的风险样本差异性）。

大量观察法的优缺点：优点是样本数量足够多，接近整体情况；缺点是数据多需耗费大量人力物力，数据少则结论不具有代表性。

大量观察法示例：原油长输管道及站库着火爆炸。

油田开发管理工作中，存在原油长输管道占压泄漏着火爆炸，管道埋深不足致管道断裂，外力破坏，凝管以及输油站库原油储罐使用状态和安全现状不佳（如变形、倾斜、腐蚀等）而未及时发现，造成着火爆炸等事故风险。

如原油站库中：

①储油罐（含沉降罐、污水罐、净化罐）爆炸、着火及泄漏污染。

②锅炉（含采暖炉、电脱炉、原油加热炉）爆炸、着火。

③电脱水器、分离器爆炸、着火。

④其他重点设备泄漏、着火、爆炸等。

2. 推断统计法

推断统计法（主营业务以往事故统计法）：是指通过搜集、整理、归纳主营业务以往事故事件，推断现有生产经营环境可能发生的重大事故的可能性和概率。

3. 主营业务梳理法

主营业务梳理法是指根据生产经营性质，梳理主营业务，查找主营业务关键风险点，判定重大风险发生危险源。

（三）较大风险识别法

适用对象：专业领域或部门。

识别内容：管理流程。

识别方法：重点是通过梳理主营业务流程的关键环节，分析查找存在的较大风险。

主要识别内容：各个层级生产经营管理主流程中关键环节存在的风险，是主要管理部门存在的风险，同时也是当前生产经营的重点关注风险点。这些风险是园区及入园企业易发生的较大风险，也是可以引发重大风险的危害因素。

（四）一般风险识别法

适用对象：职能部门、科室或班组。

识别内容：管理职能、工作方案、非常规任务。

识别方法：重点是通过梳理工作职能、重点工作和临时非常规任务，分析查找存在的风险。

主要识别对象：各管理层级、业务主管部门或科室所负责的主要工作，也是各个职能部门存在的主要风险。

（五）低风险识别法

适用对象：班组或岗位。

识别内容：管理职责、工作任务、关键工作节点。

识别方法：重点是通过该班组或岗位所负责的工作职责、工作关键节点、关键工作任务，识别和判定可能存在的管理风险，一旦风险发生，可能引发连锁反应或发生重大事故等。

主要识别对象：班组或岗位存在的风险，特别是具有管理职能的管理岗位存在的管理风险。

五、生产经营管理活动风险控制

园区各管理层级负责人依据风险分析和风险评估结果，理清风险管控流程，绘制风险管控流程图，按照专业领域、业务流程，制定和落实风险控制措施。

风控措施主要包括：

（1）健全完善创建单位生产经营安全风险防控规章制度、标准规范，执行和落实国家法律法规、标准规范的规定。

（2）组织风险防控能力评估，提出风险防控措施改进与完善的建议。

（3）组织生产经营安全风险防控措施的论证与评审，确保防控措施的有效性。

（4）制定和规范生产经营活动的审核审批程序和职责，落实审核审批职责。

（5）动火、进入受限空间、动土、高处、临时用电等作业，严格实施作业许可管理，按照申请、批准、实施、延期、关闭等流程，落实作业过程中各项风险控制措施。

（6）对建设（工程）项目、生产经营关键环节实施安全监督，严格监督检查生产经营安全风险防控措施的落实。

（7）在设备设施采购、安装、检查等环节，制定和落实生产经营管理风险防控措施，对关键设备设施进行监测和检验，及时发现并消除隐患。

（8）涉及重大危险源的，按重大危险源安全管理制度，制定和落实重大危险源安全监控措施。对确认的重大危险源登记建档，并按规定备案。

（9）进行生产经营安全事故隐患排查和治理，评估隐患治理效果，对排查出的生产经营安全事故隐患登记建档。

（10）进行承包商准入、选择、使用、评价的安全监督管理，严格监督检查承包商生产安全风险防控措施的落实。

（11）针对设备、人员、工艺等变更可能带来的风险进行管理，落实变更中各项生产经营安全风险的控制措施。

（12）新技术、新工艺、新设备、新材料应用前必须进行风险分析，在此基础上制定和落实生产安全风险控制措施。

（13）分层级、分专业组织教育培训，使各管理层级了解生产安全管理知识，掌握生产经营管理活动风险防控工作的内容和要求，提高风险的防控能力。

创建单位在生产经营安全风险失控且发生突发事件时，要及时启动应急预案，协调、指挥应急救援与响应，做好应急处置工作。

第六节　风险辨识结果的审核与优化

正是由于风险辨识在双重预防机制中的基础性地位，创建单位对于风险辨识结果准确性、科学性以及个性化的追求其实是无止境的。一方面，由于各种原因，初始风险辨识的结果或多或少存在不准确、不科学的地方；另一方面，生产经营是个动态的过程，正如安全生产标准化中对"风险分级管控"中专项辨识所起的作用一样，风险需要不断调整，以跟上创建单位生产经营的实际情况。从这两方面来讲，创建单位必须对风险辨识的结果进行审核，同时也应在使用过程中不断优化。对风险辨识结果的审核与优化是实现风险管控 PDCA 循环的重要环节，也是双重预防机制的运行效果在创建园区内不断提升、不断精进的关键。

一、初始风险辨识结果的审核与新的年度辨识

审核和管理评审有较大区别，审核的主要目的是明确当前的风险辨识结果是否符合规范，是否有明显的错误；管理评审则更关注风险辨识的结果与实际安全管理的吻合程度。

初始风险辨识结果审核分两类，即风险辨识结果完善性审核和风险辨

识结果通过性审核。风险辨识结果完善性审核是双重预防机制建设小组对风险辨识小组所辨识出的风险数据库的审核，其依据是风险辨识规范和园区生产安全管理的实际情况，目的是确保辨识结果的合规性和合理性，如风险类型归类是否合理、责任人是否正确、措施是否得当等。风险辨识结果通过性审核则是技术负责人或总工程师对双重预防机制建设小组提供的审核后的风险数据库进行最后的审核，其依据是自身的专业知识和对创建单位安全管理实际的深刻掌握，目的是确保审核后的辨识结果和园区管理实际一致。一般而言，技术负责人或总工程师的认可签字是初始风险辨识工作结束的标志。

新的年度辨识是指双重预防机制运行一段时间后，到了本年度的第四季度时，进行下一年的年度风险辨识工作。新的年度风险辨识是在上一年度风险辨识和专项辨识的基础上进行的，是对上一年度风险数据的审核和完善。

二、风险辨识结果审核人员与依据

1. 双重预防机制辨识小组成员

双重预防机制辨识小组成员收到风险辨识小组提交的辨识结果后，依据辨识规范等规定，对辨识结果进行审核。审核结果应向辨识小组成员进行反馈。如果存在的问题是因为辨识小组成员对辨识规范等理解不到位造成的，则应就具体的问题进行针对性培训；如果存在的问题是因为辨识规范中没有考虑到某些情况，则应与辨识小组一起就该特殊情况形成统一意见，完善辨识规范，然后再次进行辨识。双重预防机制建设小组成员较之风险辨识小组成员而言，优势在于对双重预防机制理解更深刻，对辨识规范更熟悉；其劣势在于对于具体专业的熟悉程度不如风险辨识小组成员。因此，双重预防机制辨识小组成员主要是依据辨识规范，对辨识结果的合规性和合理性负责。

2. 技术负责人或总工程师

风险数据库是园区生产经营、安全管理的重要基础数据，最终的审核一般需要技术负责人或总工程师予以确认。技术负责人或总工程师或其组织的人员审核的依据主要是辨识规范和园区制定的各种规章、制度、办法等，同时结合自身对当前安全生产经营形势的判断，再对风险辨识结果进行全面审核。考虑到工作量问题，一般创建单位在进行技术负责人或总工程师对风险数据库的审核时，往往针对重大风险和较大风险进行审核。这种审核方式虽不是全面审核，但也符合安全风险分级管控的宗旨。

除了上述常见的两种审核，在一些时间和人力资源相对充裕的园区，也会在技术负责人或总工程师审核前，将辨识结果数据库交由职能部门、班组长或普通员工进行审核或提意见。一般而言，这种审核模式对于时间和员工素质要求相对较高，否则往往并不能带来实质的改进。但即使没有实质改进，这种审核依旧可以使风险辨识结果更加易为员工所接受，对于双重预防机制在工业园区中的落实是有帮助的。

三、风险辨识结果的纠错与优化

经过技术负责人或总工程师签发的风险数据库达到了较好的质量，符合园区安全生产的实际，但并不意味着风险数据库不需要进行修改完善。

1. 已审核完成的风险数据库可能仍存在一些错误

很多园区在风险辨识后，制定的管控措施数量往往在几千条到一万多条之间。如此庞大数量的管控措施，保证没有一条错误是不现实的。因此，在使用过程中，对于新发现的风险数据库中存在的错误，应予以不断纠正。

2. 生产经营条件不断发生变化，风险数据库也应不断调整

园区生产经营条件不断发生变化，技术、机器设备等也不断升级，这些都使得原有的风险数据库和实际情况有所脱节，因此需要不断完善，对现有的数据进行增删。

正是因为需要在风险辨识结果审核后，对风险数据库进行动态维护，创建单位一般需采取以下几方面的措施：

一是建立风险数据库更新制度。风险数据库随着园区生产经营的变化而有所不同，因此需要每年进行年度风险辨识。园区需要根据每年的年度辨识结果，对现有的风险数据库进行更新，以保持基础数据始终处于可用状态。一个完整、科学的制度，是保证数据库更新持续可靠的基础。

二是明确风险数据库更新责任人员。在数据库更新制度中，一般会明确定义数据库更新所涉及的部门和人员以及每个部门、人员的责任。具体

数据库的更新责任可以分成提交和审核两个阶段，分别交给不同的部门。

三是规范风险数据库更新流程。数据库更新流程与初始辨识数据库的流程类似，都从各职能部门或园区入驻企业开始，完成后由安全部门或技术部门进行审核，通过后替换现有的风险数据库。

四是建立依据专项辨识结果完善风险数据库的制度和流程。按照新的安全生产标准化要求，风险辨识分为年度辨识和专项辨识。专项辨识根据实际工作中遇到的具体问题进行辨识，并纳入管控。因此，要建立将专项辨识结果与现有风险数据库融合的制度和流程。一般是谁负责辨识，谁就负责数据录入，然后统一由安全部门或技术部门审核。

四、风险辨识结果审核的注意事项

风险辨识结果的质量是整个体系运行质量的基础，因此风险辨识结果的审核意义就非常重大，但其复杂性又决定了这个工作本身的难度。在具体工作中，应重点注意以下几方面问题：

1. 审核前必须要明确辨识指南的含义，确保所有审核人的观点一致

审核的目的是发现现有辨识结果中存在的错误和不一致，因此审核人就必须要明确每一项具体工作、项目的内涵，而且要保证所有审核人观点是一致的。这在一些园区中，往往是难以做到的。无论是全部参与审核或多个人审核不同专业，都需要这些审核人对辨识指南和规则有着深入的了解。

2. 审核时应注意对共性问题及时总结

风险辨识是由多个部门、多个成员共同完成，因此要保证最终风险辨识结果的一致性，就必须确保所有参与工作的人员对具体问题有相同或类似的判断。而这在很多情况下，是难以事先把所有可能全部考虑到的，即使考虑到，在执行过程中仍然会存在误解的可能。因此，必须要及时对审核中出现的共性问题进行总结，并向所有参与人员进行宣讲。

3. 审核结果面向应用

审核的目标要保持一致性，其目的是使审核结果能够在园区安全管理实际中更加便于应用。因此，在对最终结果审核通过前，有些工业园区会采取向全园区公开的形式，尤其是对基层技术员和安管人员公示其负责的

风险等级和管控措施，根据他们的反馈意见再进行最后的修正。这样才更有利于将审核结果扎根到员工心里，而不是将其视为一个外来的、强迫必须执行的任务。

虽然风险辨识结果的审核非常重要，但创建园区也不必追求一点错误都不存在的完美。一方面，让规模庞大的数据库一点值得商榷的地方都没有是非常困难的，即使能够做到，其成本也是难以承受的；另一方面，风险数据库建设是一个动态的过程，在数据库的使用过程中还可以不断修改、完善。只要园区领导层和职能部门能够坚持不懈，随着时间的推移，风险数据库的质量会不断提高，而且会和园区及入园企业的生产经营和安全管理工作逐步结合成紧密的有机整体。

第六章 广东省工业园区风险分级管控体系的建立

在国家对安全生产越来越重视的大背景下，许多园区越来越重视工业园区职业健康和安全工作，一些促进生产经营单位切实做好安全管理工作的法规制度、经济政策、安全标准和管理措施先后出台。生产经营单位通过建立安全目标，并应用安全管理新技术来追求安全绩效的实现，特别是近年来，我国一些大中型生产经营单位牢固树立"风险就是隐患，隐患就是事故"的理念，超前谋划、精细管理、强化执行、严格落实，深入开展安全风险分级管控体系建设，确保风险分级管控工作与安全生产经营管理工作无缝对接，全力落实安全高效发展理念，取得了良好的效果。

第一节 风险分级管控基本目的与要求

基于《企业安全生产标准化基本规范》（GB/T 33000—2016）要求，工业园区安全风险分级管控体系集成了园区安全管理有关的活动和资源，通过程序化和系统化的手段，帮助园区实现安全目标并形成持续改进的机制。

一、风险分级管控基本目的

风险分级管控的基本目的就是弘扬"生命至上，安全第一"的思想，坚持关口前移、预防为主，推动园区安全生产经营从治标为主向标本兼治、重在治本转变，从事后调查处理向事前预防、源头治理转变，从传统安全管理方式向信息化管理方式转变，以系统化推动程序化，以程序化推动标准化，以标准化推动园区达到并保持在一定的安全技术条件下，全员参与，全过程参与，分级管控，信息化预警，责任考核，进而避免不可承受的风险，全面提高园区安全生产防控能力和水平，实现工业园区的安全生产。因此，园区安全风险分级管控体系是一套从理论到实践、从宏观到微观、全面整体的管理策略。

二、风险分级管控基本要求

风险分级管控基本要求如下：

1. 组织有力、制度保障

园区应建立由主要负责人牵头的风险分级管控组织机构，以及能够保障风险分级管控体系全过程有效运行的管理制度。

2. 全员参与、分级负责

园区从基层操作人员到最高管理者，应参与风险辨识、分析、评价和管控；园区应根据风险级别，确定落实管控措施责任单位的层级；风险分级管控以确保风险管控措施持续有效为工作目标。

3. 自主建设、持续改进

创建单位应依据本行业领域同类型单位实施指南，建设符合本单位实际的风险分级管控体系。园区应自主完成风险分级管控体系的制度设计、文件编制、组织实施和持续改进，独立进行危险源辨识、风险分析、风险信息整理等相关具体工作。

4. 系统规范、融合深化

园区风险分级管控体系应与园区现行安全管理体系紧密结合，并在安全生产标准化、职业健康安全管理体系等安全管理体系的基础上，进一步深化风险分级管控，形成一体化的安全管理体系，使风险分级管控贯彻于生产经营活动全过程。

5. 注重实际、强化过程

园区应根据自身实际，强化过程管理，制定风险管控体系配套制度，确保体系建设的实效性和实用性。安全管理基础比较薄弱的小型园区，应找准关键风险点，合理确定管控层级，完善控制措施，确保重大风险得到有效管控。

6. 激励约束、重在落实

园区应建立完善的风险管控目标责任考核制度，形成激励先进、约束落后的工作机制。应按照"全员、全过程、全方位"的原则，明确每一个岗位辨识分析风险、落实风险控制措施的责任，并通过评审、更新，不断完善风险分级管控体系。

第二节　风险分级管控组织与流程

一、风险分级管控组织

风险分级管控是指在安全生产经营过程中，针对各系统、各环节可能存在的安全风险、危害因素，进行超前辨识、分析评估，采取分级管控的管理措施。为保证风险分级管控工作有效、有序开展，创建单位应建立风险分级管控工作责任体系。

1. 组织机构

组长：园区主任。

副组长：园区各分管副主任、技术负责人或总工程师。

成员：安全部门管理人员、各职能部门负责人。

2. 安全风险分级管控部门

园区需明确安全风险分级管控工作的管理部门，负责检查、督促安全风险分级管控工作的实施情况，其功能主要如下：

（1）制定实施方案和安全风险分级管控工作制度，明确辨识程序、评估方法、管控措施、层级责任、考核奖惩等内容。

（2）制定安全风险辨识的程序和方法（对系统的分析、危险区域的界定、存在条件及触发因素的分析、潜在危险性分析）。

（3）指导、督促各职能部门、科室开展安全风险分级管控工作。

（4）组织相关人员对园区安全风险分级管控实施情况进行检查、考核。

3. 职责分工

建立风险分级管控工作责任体系，园区安全主任全面负责，分管负责人负责分管范围内的安全风险分级管控工作，明确组织机构各成员在风险分级管控工作中的责任。

4. 制度建设

建立安全风险分级管控工作制度，明确安全风险的辨识范围、方法和安全风险的辨识、评估、管控工作流程。

二、风险分级管控基本流程

风险分级管控管理遵循园区安全管理的一般性程序，覆盖了从风险辨识开始到风险受控为止的全过程，基本流程如图 6-1 所示。

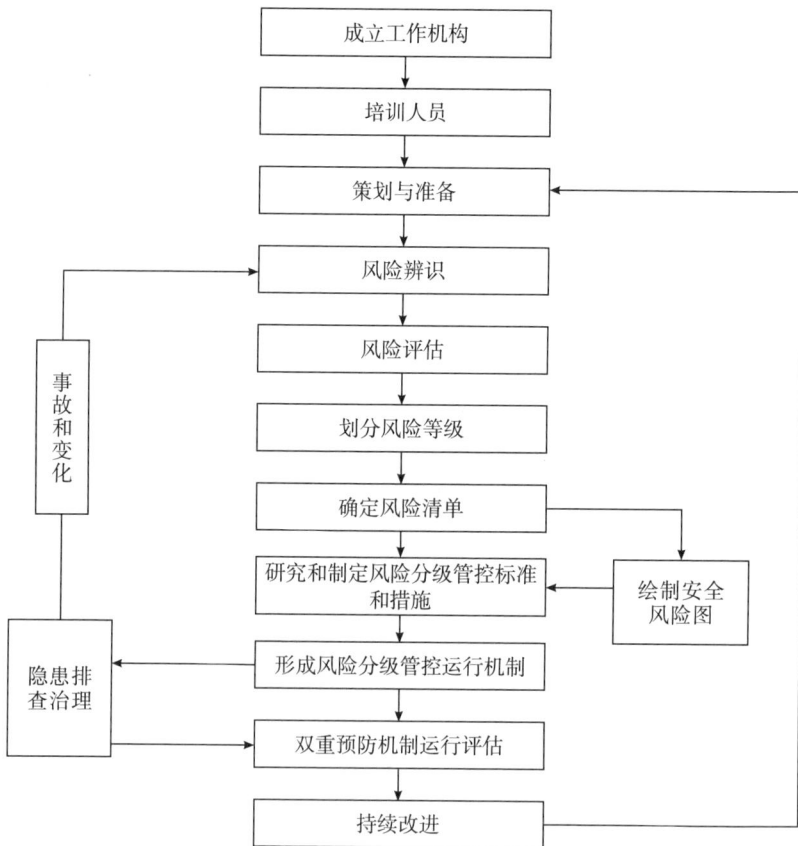

图 6-1 风险分级管控基本流程

1. 风险辨识

风险辨识必须以科学的方法，全面、详细地剖析生产经营系统，确定危险因素存在的部位、存在的方式、事故发生的途径及其变化规律，并予以准确描述。风险辨识的目的是明确管理的范围，只有对风险进行全面、系统的辨识，才能做到安全管理无遗漏。岗位风险辨识可以让员工自主辨识自身岗位风险，增强个体防范意识，让每个员工真正掌握自己身边的风险分布情况，做到心中有数，应对有策。对于系统性重大风险辨识，可采用事故机理分析法，由技术和管理部门组织辨识，必要时可借助外部科研力量帮助开展风险辨识工作。

风险辨识主要包括以下几个步骤：

（1）确认风险辨识模板和规范。

（2）确定风险辨识具体方法。

（3）风险辨识人员的选取与培训。

（4）风险辨识结果的审核。

（5）风险辨识结果的再辨识与发布。

2. 风险评估、划分风险等级、确定风险清单

风险评估是在风险辨识的基础上，通过确定风险导致事故的条件、事故发生的可能性和事故后果严重程度，进而确定风险大小和等级的过程。通过评估对风险进行排序，分清轻重缓急，帮助创建单位在危险源辨识的基础上，借助可量化的技术，明确安全管理的重点。风险评估有多种方法，可根据系统的复杂程度，采用定性、定量和半定量的评价方法。

园区可根据自身实际情况，选择适用的风险评估方法，然后根据统一标准对风险进行有效分级。安全风险一般分为重大风险、较大风险、一般风险和低风险4个等级，分别用红、橙、黄、蓝4种颜色标示。风险清单（风险数据库）应至少包括风险名称、风险位置、风险类型、风险等级、管控主体、管控措施等内容。

园区应将重大风险进行汇总，登记造册，并对重大风险存在的作业场所或作业活动、工艺技术条件、技术保障措施、管理措施、应急处置措施、责任部门及工作职责等进行详细说明。对于重大风险，工业园区应及时按照职责范围报告属地负有安全生产监督管理职责的部门。

3. 绘制安全风险图

园区应根据风险类别和等级，确定安全风险清单，制定安全风险管控措施，建立风险数据库，至少绘制两张园区安全风险图：安全风险四色分布图和作业安全风险比较图。

（1）安全风险四色分布图。

园区应使用红、橙、黄、蓝4种颜色，将生产设施、作业场所等区域存在的不同等级风险，标示在总平面布置图或地理坐标图中。

（2）作业安全风险比较图。

部分作业活动、生产工序、关键任务，如动火作业、受限空间作业等，由于其风险等级难以在平面布置图、地理坐标图中标示，应利用统计分析的方法，采取柱状图、曲线图或饼状图等，将不同作业的风险按照从高到低的顺序标示出来，实现对重点环节的重点管控。

工业园区应利用信息化技术，建立安全风险信息管理系统，形成电子化的安全风险图。安全风险信息管理系统可以与隐患排查治理等相关信息管理系统相融合，并将园区基本情况、风险信息、管控职责和管控措施等内容纳入其中。

4. 研究和制定风险分级管控标准和措施

园区应研究和制定相应的风险管控标准和措施，防止危险源转变成为隐患，通过安全技术应用预防隐患产生。制定风险管控标准可以明确管理的依据，制定管理措施可以明确管理的途径。在通过风险评估明确了管理重点之后，需要对管理对象进行管控。究竟需要管控到什么程度，达到什么条件等问题，要解决就需要制定风险控制标准；通过哪些手段可以达到这些标准的要求，要明晰就需要制定管控措施。

风险分级管控标准和措施的制定、修订和完善是一项技术性很强的系统工程，创建单位应遵循"分类、分级、分层、分专业、分区域"的方法，按照风险分级管控基本原则，根据风险评估的结果，针对安全风险特点，从组织、制度、技术、应急等方面对安全风险进行有效管控。需要组织生产管理人员、机电管理人员、技术人员以及各岗位工作人员共同参与制定。需要进行事前相关知识培训，并收集、整理相关国家标准、行业标准和企业标准等材料。针对已辨识的危险源和风险评估结果，制定相应的风险管理标准，确定相关责任人、监管部门、监管人员，进而制定管理措施。根据"谁主管、谁负责"的原则，明确各自的安全风险管控重点，逐一落实所有风险的安全管理与监管责任，强化风险管控技术、制度和管理措施，把风险控制在可接受范围。

5. 形成风险分级管控运行机制

园区应建立安全风险分级管控工作制度，制订工作方案，明确安全风险分级管控原则和责任主体，分别落实领导层、管理层、员工层的风险管控职责和风险管控清单，分类别、分专业，明确部门、科室、班组、岗位的安全风险管理措施。要通过隔离危险源、采取技术手段、实施个体防护、设置监控设施等措施，达到回避、降低和监测风险的目的。要对安全风险分级、分层、分类、分专业进行管理，逐一落实园区、部门、科室、班组和岗位的管控责任，尤其要强化对重大危险源和存在重大安全风险的生产经营系统、生产区域、岗位的重点管控。

园区应建立完善安全风险公告制度，并加强风险教育和技能培训，确保管理层和每名员工都掌握安全风险的基本情况及防范、应急措施。要在醒目位置和重点区域分别设置安全风险公告栏，制作岗位安全风险告知卡，标明主要安全风险、可能引发事故隐患类别、事故后果、管控措施、应急措施及报告方式等内容。对存在重大安全风险的工作场所和岗位，要设置明显警示标志，并强化危险源监测和预警。

园区应对重大风险重点管控，制定有效的管理控制措施。园区应根据自身组织机构特点，按照分级管控要求，做到事故应急的机构、编制、人员、经费、装备"五落实"。建立重大风险监测预警系统，开展重大风险分级预警和事故应急响应活动，做到风险预警准确，事故应急响应及时。

园区应建立风险管控信息系统，健全配套制度，提高风险管控信息化水平。各相关单位做好相关信息的录入、维护，实现政府、部门、企业及社会服务组织信息共享，形成全方位、立体化监管格局，提高安全监管效能。

6. 风险动态管理

风险分级管控机制建设不是临时性、阶段性的工作任务，而是规范园区安全生产管理的常态化工作系统。园区要高度关注运营状况和危险源变化后的风险状况，动态评估、调整风险等级和管控措施，确保安全风险始终处于受控范围。要定期对风险分级管控机制运行情况进行评估，及时修正发现的问题和偏差，不断促进和提高双重预防机制的实效性。

采取适当的监测技术和手段，对工作场所内的风险进行监视和测量，在生产过程中验证风险的状态变化，查找隐患，整改隐患，避免事故发生。

通过认真执行风险管控标准和措施，确保存在的风险在受控状态，就需要进一步对风险进行监测监控，跟踪风险随时间变化状态，确保管控措施始终有效，风险始终在受控状态。将监测结果对照风险控制标准，分析和判定风险的状态是否可承受，找出已经处于异常和紧急状态的风险。判定风险是否可承受的过程就是检验风险控制标准和措施的有效性的过程，也是检验相关单位和人员执行标准措施的符合性和充分性的过程。如果风险处于受控状态，其风险处于可承受风险以内，说明控制有效；如果风险状态发生异常或出现紧急情况，其风险偏离了受控状态，说明需要进行下一步的风险预警和隐患治理工作。

工业园区要制定园区安全风险清单、事故隐患清单和安全风险图定期更新制度，制定双重预防机制相关制度文件定期评估制度，确保双重预防机制不断完善，持续保持有效运行。

凡是工业园区的生产系统、生产工艺、主要设施设备、重大灾害因素变更，新工艺、新装备、新技术、新材料实施前，新区域投入使用前，连续停工停产 1 个月以上的复工复产前，一律要开展专项风险辨识，完善风险分级管控措施；园区组织机构发生变化，需要评估、改进风险分级管控的制度措施，落实责任主体，确保风险可控；凡是园区或入园企业发生死亡事故或涉险事故、出现重大事故隐患，或广东省发生重特大事故后，一律要开展专项风险辨识，对风险分级管控的运行情况进行重新评估，针对事故全链条，修正完善双重预防机制各个环节。

三、风险分级管理流程的优点和作用

与传统安全管理方法相比，风险分级管理流程的优点和作用主要体现在以下方面：

1. 风险分级管理流程在管理机制上的优点

改变了依靠会议布置、行政推动的工作机制。依靠流程管理，在"什么时间，谁干什么"的问题上，工作步骤清楚，职责明确，促进了安全管理工作的责任落实。

2．风险分级管理流程在工作方式上的优点

变集中治理为过程控制，消除了"集中发现、集中治理"方式产生的"工作量大、任务紧、治理难"的问题，在生产全过程中"随时发现、随时治理"，扭转了传统"救火式"安全管理的被动局面。

3．风险分级管理流程在工作方法上的优点

坚持安全管理以预防为主的原则，将预防隐患产生放在首位。通过危险源辨识和风险评估，制定和落实风险分级管控标准和措施，防控结合，关口前移，将安全管理的重心放在事先预防和过程控制，而不是末端治理。

4．风险分级管理流程在管理效果上的优点

以"产生少、发现早、治理好"作为安全管理目标，充分发挥了保障机制的作用。

第三节　年度风险辨识评估与完善

每年年底园区组织开展年度安全风险辨识，一般情况下可安排在每年10月份，参加人员包括园区主要领导、各分管负责人、相关职能部门负责人、科室负责人、班组长、主要技术人员、安全管理人员等。年度风险辨识评估的重点是对容易导致群死群伤事故发生的危险因素进行安全风险辨识评估，工作内容主要是对生产工艺设计及变更、危险化学品使用和储存、特种设备、危险作业（含动火作业、临时用电作业、受限空间作业、高处作业、吊装作业等特殊作业）主要生产设备与安全附件、管道运输系统、（危化品）道路运输、变配电系统、通风系统、设备配套及可靠性、地面设施布局、建（构）筑物、恶劣自然条件（如台风、暴雨、洪涝、霜雪雹等）等容易导致事故发生的危险源进行年度安全风险辨识评估。

一、年度风险辨识评估的工作流程

年度风险辨识评估的工作流程一般如下：

第一步，排查风险点。

第二步，辨识危险源。

第三步，评估安全风险。

第四步，制定管控措施。

第五步，实施分级管控。

以某园区变配电系统为例，其年度风险辨识评估的工作流程概述如下：

第一步，抽查风险点。变配电系统中有中央变电所、分区变电所等风险点。

第二步，辨识危险源。如中央变电所包含的危险源有电柜开关、变压器、供电线路、防水闸门、高低压开关柜等。

第三步，安全风险评估。一是风险描述，高压开关包含的风险有触电、短路、着火、故障停电等。二是风险分级，如采用矩阵法，触电可能性为3，危害程度为5，赋值15，触电风险为一般风险（虽然危害程度很大，但可能性较小）；如采用 LEC 法，发生事故或危险事件的可能性 L 为1，人体暴露于危险环境的频率 E 为3，一旦发生事故可能产生的后果 C 为15，危险性分值 D 为45，为一般风险。

第四步，制定管控措施。管控措施主要包括工程技术措施、管理措施、培训教育措施、个体防护措施、应急处置措施。

为防止发生触电事放，管控高压开关机的触电风险应采取以下管理措施：

（1）严格执行操作票、工作票制度。

（2）操作高压开关柜时，佩戴合格有效的绝缘手套，绝缘胶靴，站在绝缘平台按规范操作。

（3）加强设备日常维修维护，确保各类保护齐全可靠有效。

（4）操作范围内设置栅栏警戒，防止其他人员误入。

第五步，实施分级管控。按照园区、职能部门、科室、班组、岗位等层次，依次对排查的安全风险进行分级对应管控，其中重大风险由园区领导负责，较大以上风险由分管负责人负责。上述工作完成后编制年度安全风险辨识评估报告，建立可能引起较大事故的重大安全风险清单，并制定相应的管控措施。

二、年度安全风险辨识评估报告

年度安全风险辨识评估报告主要包括工业园区危险因素、风险辨识范围、风险辨识评估、风险管控措施等几个部分。其中，风险辨识范围包括园区各项生产经营范围及入园企业主要生产管理范围；风险管控措施方面，需要详细列出技术措施、管理措施以及必要的个体防护措施。年度安全风险辨识评估报告中需要列出年度安全风险清单。在年度辨识报告后，应附有年度安全风险辨识评估结果的应用情况，写明如何用于确定下一年度安全生产经营工作重点，如何指导和完善下一年度生产计划、灾害预防和处理计划、应急救援预案等。

年度重大风险清单是安全生产标准化中的要求，但对于园区在实际中真正落实双重预防机制而言，还应该完成所有风险的全面辨识。只有形成完整的、全面的风险数据库，才有可能实现风险的分级管控，而不仅仅是园区领导的重点管控。

三、年度风险辨识的完善

园区生产过程中应对已辨识出的风险进行定期和实时监测、检查，及时修正发现的问题并补充年度风险库。经过一段时间乃至多年的运行和完善，年度辨识结果会与园区的运行实际结合得越来越紧密，形成具有本园区特点的风险数据库。随着风险数据库与园区实际情况的不断接近和动态调整，园区能够促进和提高双重预防机制的实效性，从而发挥双重预防机制的最大作用。

第四节　专项风险辨识评估

根据安全标准化相关要求，在以下典型情况下应进行专项安全风险辨识评估：

（1）工业园区的生产系统、生产工艺、主要设施设备、重大灾害因素变更。

（2）工业园区中新工艺、新装备、新技术、新材料实施前。

（3）工业园区中新区域投入使用前，工业园区中部分企业连续停工停产 1 个月以上的复工复产前。

（4）园区或入园企业发生死亡事故或涉险事故、出现重大事故隐患或广东省内发生重特大事故后，安全风险辨识结果及管控措施存在漏洞、盲区。

一、专项风险辨识评估的基本要求

专项风险辨识评估的参加人员包括园区各分管负责人和相关职能部门负责人、业务科室负责人、班组长、主要技术人员、安全管理人员等。专项风险辨识评估记录内容需明确，针对性要强。

二、专项风险辨识评估的工作流程

专项风险辨识评估的工作流程如下：

1. 明确辨识评估对象

根据安全标准化相关要求，明确辨识评估对象基本情况，根据风险点划分原则，进行风险点排查，确定风险点。

2. 明确辨识评估人员责任

成立专项辨识评估领导小组，明确组长、成员、分工等。

3. 风险辨识

从人、机、环、管等方面出发，根据专项辨识的特殊性要求，分析有害因素，开展危险源排查，辨识危险源的风险。

4. 风险评估

通过科学、合理的方法对危险源所伴随的风险进行定性或定量评价，根据评价结果划分等级。

5. 制定管控措施

辨识出的所有风险均应制定管控措施，管控措施要充分考虑可行性、安全性、可靠性。环境因素要突出各项防治措施，物的因素（设备设施）要突出设计维护保养，人的因素（作业活动）要突出各项操作规程规范。

安全风险要从工程控制、管理控制、个体防护、应急控制 4 个方面制定管控措施。

6．辨识结果应用

根据不同的专项辨识要求，要形成规范的专项风险辨识报告、重大安全风险清单，有明确的管控措施，辨识结果要在作业规程、操作规程、设计方案、生产工艺选择、生产系统布置、设备选型、劳动组织确定、安全技术措施等技术文件资料中有体现。具体的体现方面取决于专项辨识的类型。

在双重预防机制建设、运行的早期，园区及入园企业所制定的各种风险管控措施较为笼统，缺乏针对性和可操作性。因此，专项辨识的结果，都需要在对应的文件中予以体现，不断提升管控措施的可操作性和个性化水平。随着双重预防机制的运行不断细化和优化，未来这方面的工作有可能会逐渐减少。

第五节　风险分级管控保障措施

为了达到风险分级管控的预期目标，园区必须建立相应的保障措施。

一、加强组织领导

工业园区应高度重视风险分级管控体系建设工作。建立由园区领导牵头的组织机构，明确落实责任，细化安委会成员单位责任分工，积极提供人力、物力、财力保障。落实主体责任，建立起从主要负责人、各级管理人员到一线员工的工作责任制。

二、加强政策机制建设

园区应制定完善的风险分级管控机制实施细则，将风险分级管控机制建设情况纳入园区安全生产目标考核内容，并实施动态评估。要制订风险分级管控机制的工作方案，并完善风险分级管控制度建设工作，明确各级管理人员对风险的管理职责及重大安全风险的管控要求，落实风险管控措施，制作风险分级管控清单。将安全生产标准化创建工作与双重预防机制建设工作有机结合，避免出现"两张皮"现象。建立安全投入保障机制。加强风险分级管控机制建设的经验交流研讨，注重学习与培训工作，合力解决共性和个性问题。

三、加强队伍建设

园区要加强培训，强化风险分级管控机制相关专业队伍和专业技术力量的培育；也可通过购买服务的方式，委托相关第三方服务机构帮助实施。要注重利用第三方专业服务机构，协调和组织专家力量，形成全链条服务，为构建风险分级管控机制提供智力支持。要建立激励约束机制，保证风险分级管控机制的规范性、专业性、独立性和客观性。

四、加强智能化、信息化建设

建立功能齐全的风险分级管控信息化管理平台，实现对安全风险记录、跟踪、统计、分析、上报等全过程的信息化管理。全面推进安全生产大数据等信息技术应用，实现各专业安全数据信息共享。针对高风险和存在重大隐患的重点区域、重点设施、重点部位和关键环节，加强远程监测、自动化控制、自动预警和紧急避险等设施设备的使用，提升风险管控能力。

五、加强培训工作

工业园区组织的各类型风险分级管控培训中应增加本条规定的内容，也可以组织专题培训。

园区应充分认识安全教育工作的重要性，切实把风险分级管控培训工作摆到重要位置。在深入调研分析的基础上，工业园区应不断改进培训方式方法，强化培训考核，及时检查培训质量，加强培训管理人员队伍建设，确保员工的风险意识和风险辨识管控知识达到相应的水平，不断提高工业园区风险管理能力。

第七章　广东省工业园区隐患排查治理体系的建立

隐患排查治理体系是双重预防机制的重要组成部分，是防范事故发生的最后一道防线，也是我国生产经营单位长期以来非常重视的一个机制。在安全生产标准化中常以"事故隐患排查治理"为名将之作为一个专业纳入强制建设要求。工业园区安全生产标准化中的"事故隐患排查治理"来源于双重预防中的隐患排查治理，并为其提出了一个更加细化的框架。以此为基础，考虑双重预防机制的内涵，提出一个满足各方标准要求的隐患排查治理体系，并在实践活动中取得了较好效果。

第一节　隐患排查治理的目的与要求

一、隐患排查治理的目的

隐患排查治理是指工业园区组织安全生产管理人员、工程技术人员和其他相关人员对园区及入园企业在生产经营组织过程中的人、机、环、管等方面存在的不安全因素、不安全行为进行梳理排查，并对排查出的事故隐患按照事故隐患等级记录跟踪，采取相应措施进行处理、治理的工作过程。

隐患排查治理的目的是通过对隐患的排查治理，防范园区安全生产事故发生。

二、隐患排查治理的要求

安全生产标准化创建规范中提出隐患排查治理的工作要求如下。

（一）工作机制

（1）建立健全事故隐患排查治理责任体系。

（2）对排查出的事故隐患进行分级，按事故隐患等级进行治理、督办验收。

（二）事故隐患排查

（1）建立事故隐患排查工作机制，制订排查计划，明确排查内容和排查频次。

（2）排查范围覆盖各生产系统和各岗位。

（3）发现重大事故隐患立即向当地应急管理部门书面报告，建立事故隐患排查台账和重大事故隐患信息档案。

（三）事故隐患治理

1. 分级治理

（1）事故隐患应实施分级治理，不同等级的事故隐患由相应层级的单位（部门）负责，下级单位（部门）具体地实施治理。

（2）事故隐患治理必须做到责任、措施、资金、时限和预案"五落实"，重大事故隐患治理方案由园区主任负责组织制订并实施。

2. 安全措施

事故隐患治理过程中必须采取安全技术措施。对治理过程中危险性较大的事故隐患，有专人现场指挥和监督，并设置警示标识。

（四）监督管理

（1）事故隐患治理实施分级督办，对未按规定完成治理的事故隐患，及时提高督办层级，加大督办力度；事故隐患治理完成，经验收合格后予以销号、解除督办。

（2）及时通报事故隐患排查和治理情况，接受各方监督。

（五）保障措施

（1）采用信息化管理手段，实现对事故隐患排查治理记录统计、过程跟踪、逾期报警、信息上报的信息化管理。

（2）定期组织召开专题会议，对事故隐患排查和治理情况进行汇总分析。

（3）定期组织安全管理技术人员进行事故隐患排查治理相关知识培训。

（4）建立安全生产费用提取、使用制度。事故隐患排查治理工作资金有保障。

（5）对事故隐患排查治理工作实施情况开展经常性检查，检查结果纳入工作绩效考核。

第二节　隐患排查治理的组织与流程

隐患排查治理是园区安全管理中的一项基础性工作，旨在及时发现并消除一切潜在的不安全因素，将事故控制在萌芽状态，对工业园区安全事故预防有着不可替代的作用。本节在园区风险分级管控的基础上，探究隐患排查治理的组织与流程，从源头上控制园区安全风险，杜绝或减少各类园区安全事故。

一、隐患排查治理的运行机制

隐患排查治理就是以风险分级管控理念为先导，以隐患排查治理运行机制为核心，从而达到"零隐患"的最高目标，其运行机制如图7－1所示。

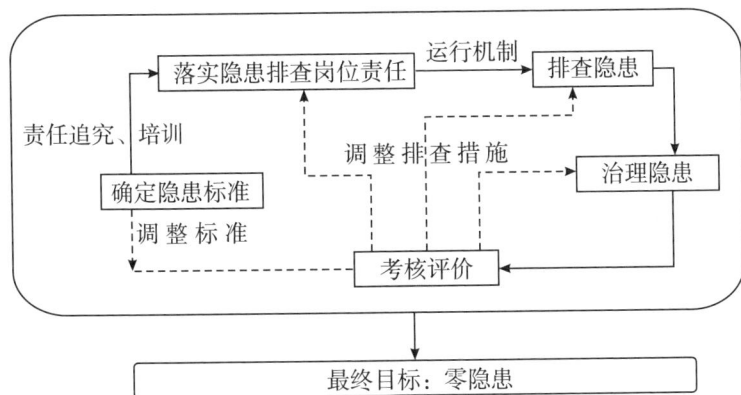

图7－1　隐患排查治理的运行机制

从图 7 - 1 可以看出，在隐患排查运行机制中，首先，依据危险源辨识与风险评估的结果确定隐患标准，落实隐患排查的岗位责任，结合具体岗位层层分解，落实隐患排查责任人，制定和贯彻落实责任制度，做到"有患必有责"；其次，在"全员、全方位、全过程"隐患排查方针指引下，根据危险源辨识结果制订排查计划，积极引导基层员工自我检查、自觉上报、主动发现未知隐患，并通过层级检查监督体系督导协查隐患，监督、查处隐患排查中的不检、漏检、错检行为；再次，对查出的隐患及时反馈、科学评估与制订治理方案，使用规范操作及时消除隐患，并认真核查、评价排查结果，将排查结果及时汇报给相关部门；最后，通过合理有效的奖惩机制强化落实岗位责任，并根据实际需要调整岗位责任与隐患标准。

隐患排查治理运行机制的准则就是对工业园区安全隐患实施的全过程控制，做到确定隐患标准、落实隐患排查岗位责任、排查隐患、治理隐患、考核评价 5 个环节头尾相接、闭合循环。

（一）确定隐患标准

从园区的人、机、环、管等方面出发，广泛搜集国家法律法规、行业标准等相关资料，综合运用工业园区隐患辨识的方法，如工作任务分析法、事故树分析法对园区可能存在的隐患进行合理、有效的预测，科学利用安全分析和安全系统评价，对隐患进行定性、定量评估，在评估的基础上分清隐患的类型和性质，提出事故预防措施，确定隐患标准，对隐患进行分类管理。

（二）落实隐患排查岗位责任

根据隐患排查岗位责任要求，制订周密的隐患排查计划，设计科学严密的层级隐患排查体系。层级隐患排查体系可将责任层级分为园区领导、分管负责人、职能部门、科室、班组、员工 6 个层级。将隐患排查工作按责任层层分解，以落实隐患排查岗位直接责任人自查为主，间接责任人协查为辅，通过层级主管部门管理人员督导检查，安全职能部门管理人员监督检查，层层落实，真正做到"三全"式隐患排查。

（三）排查隐患

排查隐患的过程中，以班排查、日排查、周（旬）排查、月排查等周期性检查形式，自查和监督检查相结合的方式，强化现场安全整治。

1．自查隐患

隐患排查工作贯穿整个生产过程，即工作前要排查静态隐患，工作中要解决过程中出现的隐患，工作后要排查遗漏的安全隐患。交接班时，带班领导、班组长要对生产场所进行全面的安全确认、排查隐患，将排查出来的安全隐患告知治理人员，由治理人员按照相应的治理措施进行治理。交接班员工排查各自岗位上的安全隐患，将发现的安全隐患报告班长或跟班人员，班长或跟班人员应及时安排处理。工作中，跟班人员和班长通过走动式管理，对生产中产生的安全隐患随时进行排查，并将排查出来的安全隐患和处理措施向治理人员交代清楚，并监督治理人员及时、安全、有效地处理。员工自觉自查自己岗位工作中的安全隐患，并及时报告班长或跟班人员，由班长或跟班人员安排人员处理。生产场所排查出的重大隐患和现场无法立即治理的安全隐患，不但要向操作人员告知，还要向当地应急管理办公室值班人员和行业主管部门等汇报，由当地应急值班人员或行业主管部门安排处理。

隐患自查工作的核心环节是现场工作人员的排查，通过开工前的安全确认，生产工作中的走动排查，工作后的安全评估，真正做到全员、全方位、全过程的隐患排查，为园区及入园企业的安全生产消除潜在威胁。

2．监督检查隐患

园区领导、职能部门和业务科室的技术管理人员、安全检查人员负责监督检查。根据安全部门事先制订的安全检查计划，按照规定的检查周期、检查时间、检查路线、检查项目、检查方式进行安全隐患的协查和督查，并将协查情况告知责任单位，由责任单位安排责任人处理。

（四）治理隐患

排查和发现隐患的目的是消除隐患，对排查出来的安全隐患熟视无睹不去处理，等于没有排查安全隐患，必然威胁后继生产安全。治理隐患的主要流程如下：

（1）基层单位对已查出的安全隐患进行评估、分级。基层单位管理人员，主要是科室、班组、岗位人员，根据事故隐患的分级标准，对自查和监督检查中已查出的安全隐患进行评估，判断能否自行整治，能够自行整治的自行治理，不能够自行整治的汇报监督管理部门。

（2）基层单位自主闭合处理隐患。对于能够自行治理的隐患，基层单位管理人员制订整治方案，安排治理责任人，并监督治理，最终检查验收、记录整理。当班不能处理完毕的隐患，应汇报科室或部门，由其安排下一班次继续治理。

（3）安全管理部门负责组织闭合处理隐患。对于不能够自行整治的安全隐患，由基层单位汇报安全管理部门，再由安全管理部门协调相关部门及人员制订隐患治理方案，组织责任单位实施，并对隐患治理过程进行监督，对治理结果进行核查。若安全隐患威胁到安全生产正常进行，要停止生产，等待隐患彻底消除，当现场处于安全状态，人员办理复工手续，经上级批准后方可恢复生产。

（五）考核评价

隐患治理工作结束后，要对隐患排查治理工作进行效果评价，由专人负责事故隐患的统计、筛选处理和上报，将隐患排查治理效果公示，使园区或入园企业中的每一个人都了解存在的事故隐患，在工作中进行防范。再根据隐患排查岗位责任，对各级责任人进行相应奖罚，从而提高员工排查隐患的积极性，加强隐患排查治理过程控制，打破安全隐患"产生→治理→再产生→再治理→……"的不良循环。最后要将重特大隐患详细记录，比照原有的治理措施，进行反馈、更新和完善，让隐患排查工作更加规范、更加细致。

二、隐患分级标准的制定

依据重大生产安全事故隐患判定标准、安全规程、安全生产标准化等相关要求，根据隐患的治理和排除难度及可能导致的事故后果和影响范围，通常将隐患分为一般隐患和重大隐患，如图7-2所示。

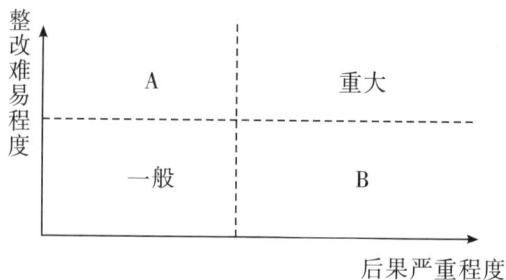

图 7-2　隐患分级示意图

1. 一般隐患

一般隐患指危害程度和治理难度小，发现后能够立即治理排除的隐患。

2. 重大隐患

重大隐患指危害程度和治理难度大，应全部或局部停产，并经过一定时间治理方能排除的隐患，或因外部因素影响致使本单位自身难以排除的隐患。

针对 A 区和 B 区的隐患没有进行明确规定，但园区或入园企业在进行隐患分级的时候需要进行明确区分，可参考如下分级方法：

（1）一般 A 级：难度大，园区领导班子解决不了，须由上级或相关单位配合解决的事故隐患。

（2）一般 B 级：难度较大，职能部门解决不了，须由园区领导班子解决的事故隐患。

（3）一般 C 级：职能部门能自行解决的隐患。

（4）一般 D 级：业务科室能够自行治理的隐患。

（5）一般 E 级：班组或岗位能够自行整改的隐患。

三、隐患排查治理的组织机构

为保证园区安全生产，落实隐患排查治理行动的总体安排和要求，把隐患排查治理工作作为年度重点日常工作来抓，根据安全生产标准化建设、安全规程等相关要求，工业园区及入园企业应结合自身实际成立隐患排查治理的组织机构：成立以园区主任为隐患排查治理工作第一责任人，其他分管负责人为责任人，由安全管理部门、各职能部门、外部专家、入园重点企业、重要相关方等组成的隐患排查治理工作部门。

各机构设置及相关工作职责规定如下：

（1）以园区主任为组长，园区其他分管负责人、总工程师为副组长，安全管理部门安全管理人员、各职能部门负责人、外部专家、入园重点企业负责人、重要相关方代表、相关专业技术人员等为成员成立工业园区隐患排查治理领导小组。

职责：负责园区年度隐患排查，编制年度隐患排查工作方案，并制定年度多发和重大隐患治理措施。

（2）以安全管理部门负责人为主任，其他职能部门负责人为副主任，以安全管理部门安全管理人员、业务科室负责人、相关专业技术人员等为成员组成隐患排查治理领导小组办公室作为执行机构，设于安全管理部门。

职责：主要负责日常安全生产隐患排查治理、登记、上报、监督检查等工作。

四、隐患排查治理的工作流程

工业园区的隐患排查治理的工作实行闭环管理，主要包括隐患的排查、分析、治理、验收等内容，具体工作流程如图 7 - 3 所示。

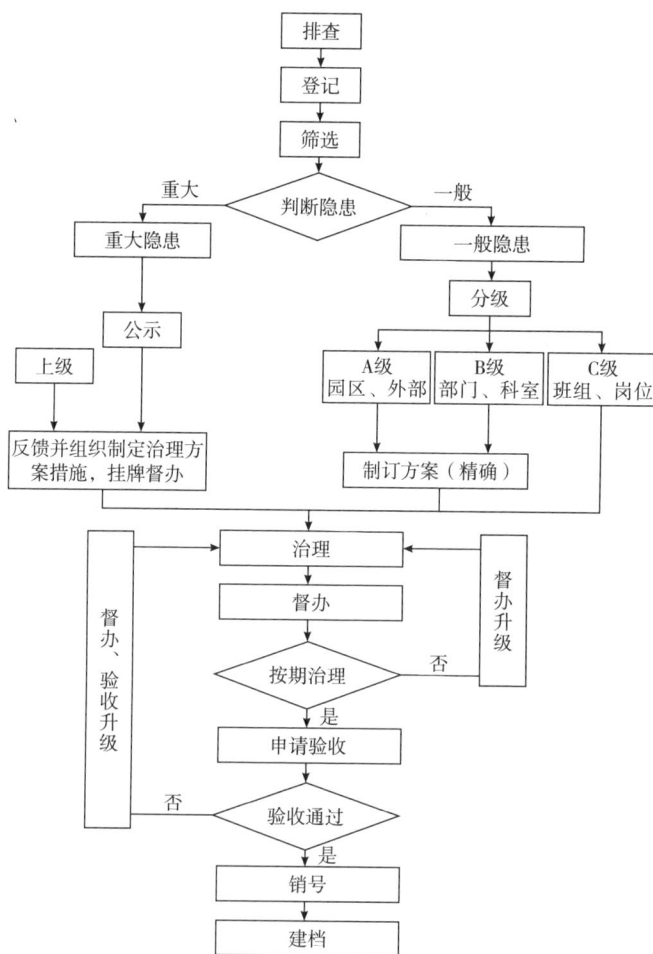

图 7 - 3　隐患排查治理工作流程图

第三节　隐患排查治理分级计划的制订

一、隐患排查治理分级计划的制订

根据安全生产标准化创建要求，结合组织架构，将排查组级别分为园区级、职能部门级、业务科室级、班组级、岗位级，并按照日常排查和定期排查相结合的原则建立事故隐患排查工作机制，及时发现生产经营过程中存在的事故隐患。

（一）年度排查计划的制订

园区在制订年度生产经营计划时，需同步制订事故隐患年度排查计划，提高隐患排查治理工作的计划性、针对性、时效性。工业园区可参考以下内容制订年度排查计划。

1. 确立组织机构

成立隐患排查治理领导小组，一般以园区主任为组长，园区其他分管负责人、总工程师为副组长，安全管理部门安全管理人员、各职能部门负责人、外部专家、入园重点企业负责人、重要相关方代表、相关专业技术人员等为成员。

隐患排查治理领导小组办公室设在安全管理部门，安全管理部门负责人为主任，其他职能部门负责人为副主任。

2. 明确隐患排查治理工作要求与目标

认真落实各级政府管理规定和上级组织制定的各种规章制度，建立和完善制度中的要求，强化安全生产监管体制和机制建设，坚持隐患排查治理分级管理、记录报告，建立隐患治理验收等工作机制，落实资金保障、信息系统、教育培训、考核奖惩等保障制度，发现隐患问题按"五定"原则及时整改并备案，排查发现重大事故隐患后，及时向当地主管单位和应急管理部门书面报告，做到责任、措施、资金、时限和预案"五落实"。

按照年度风险辨识评估报告和生产计划有针对性地安排排查重点，在以往隐患排查专项行动的基础上，进一步推进安全生产责任制和落实责任追究机制，全面排查事故隐患，深化安全生产工作。

3. 确定隐患排查的范围和内容

工业园区隐患排查范围为园区所辖范围及入园企业生产场所，包括园区基础建设（含建构筑物、道路设施）、能源供应、物资运输、特种设备、危险作业（含特殊作业、交叉作业）、三废处理、监控系统、应急设施等。

隐患排查内容包括安全生产的各个环节。包括工艺系统、基础设施、技术装备、作业环境、防控手段等方面存在的隐患，以及安全生产体制机制、制度建设、安全管理组织体系、责任落实、劳动纪律、现场管理等方面存在的薄弱环节。园区及入园企业要根据年度生产经营计划有针对性地制订排查计划。具体可参考以下排查内容。

（1）单位资质。工商营业执照、各种安全生产许可证情况。

（2）人员资格。园区主要负责人及入园企业主要负责人等应持主要负责人安全培训证书，安全管理人员应持安全管理人员安全培训证书。其他有资格要求的岗位的人员应具备相应资格（如学历、专业、工作年限、专业资格证书要求等）。

（3）特种作业人员资格。电工、焊工、锅炉工、危险化学品操作人员、起重人员、叉车工、爆破人员、消防控制人员、机动车辆驾驶员、高处作业人员、分析检测人员等是否持证上岗，人员数量是否符合要求。

（4）制订安全工作计划。制订年度安全工作计划，并严格贯彻执行。

（5）建立和完善隐患排查管理制度。按照计划和要求开展隐患排查工作，认真按"一线三排"要求进行隐患整改。

（6）积极开展反"三违"活动，禁止违章指挥、违章作业、违反劳动纪律的行为。严格执行特殊作业审批制度。

（7）人员培训教育及宣传。新员工三级安全教育，在岗员工日常安全教育，应急预案的培训与演练，安全宣传形式多样并落实到位，安全文化氛围浓厚。

（8）职业病防治。定期开展职业病危害因素检测，涉岗人员按要求进行岗前、在岗、离岗体检。

（9）劳动防护措施到位，作业人员正确穿戴个人防护用品。

（10）应急资源状态良好。包括消防设备设施（如火灾探测器、消防水源、灭火器、消火栓、逃生通道及指示、喇叭、消防控制室、报警电话等）、电气防护设施（如变配电管理、电气设备接地、静电消除装置、防雷设施等）、职业病防护设施（如口罩、耳塞、防护服等）、其他安全防护设施（如视频监控、堵漏工具、气体浓度检测仪器、救援工具、应急救援箱等）、环境保护设施（如三废处理设施等）。

4．确定隐患排查周期

根据安全生产标准化和相关技术规程要求明确隐患排查周期、频率。

（1）园区主任每月/季度至少组织分管负责人、安全管理人员和各职能部门开展一次覆盖生产经营各系统和各岗位的事故隐患排查。

（2）职能部门每周/旬至少组织部门负责人和各科室、班组对分管领域开展一次全面事故隐患排查。

（3）业务科室、班组每天至少组织科室负责人和班组对作业区域开展一次事故隐患排查。

（4）作业人员应当在开始作业前对本岗位危险因素进行一次安全确认，并在作业过程中随时开展事故隐患排查。

（5）专项隐患排查由相关专业技术人员按要求排查事故隐患。

（6）入园企业按照相关要求确定隐患排查周期。

5．具体工作要求

工业园区及入园企业应根据隐患排查工作实际情况，提出相应的工作要求。

（二）月/季度排查工作方案的制订

工业园区应根据安全生产标准化相关要求制订月/季度排查工作方案。具体应包括以下内容。

1．确立组织机构

可参考年度排查计划，成立隐患排查治理领导小组，并在各专业成立隐患排查治理工作小组。

2．明确排查时间

根据工业园区及入园企业实际情况确定。

3．确定参加人员

事故隐患排查治理领导小组成员及各专业工作小组成员。

4. 确定排查方式

由园区主任组织安全、生产、技术等部门对各专业分管业务、区域进行全面检查。

5. 明确排查范围

工业园区及入园企业各生产系统和各岗位。

6. 确定排查内容

月/季度排查内容应结合本周期实际工作进展状况并结合年度排查计划有针对性地制定。

二、隐患治理分级计划的制订

隐患治理实施分级治理，不同等级的隐患治理由相应的层级单位（部门）负责。

（1）对于有条件能立即治理的事故隐患，在采取措施确保安全的前提下，隐患所属单位（部门）必须立即治理。

（2）对于难以采取有效措施，不能立即治理的事故隐患，隐患所属单位（部门）应立即向上级管理部门报告，由上级部门组织相关技术人员制定措施，然后实施治理，限期完成。

对于重大事故隐患，由园区主任负责组织制订治理方案，然后实施治理。

第四节　隐患排查治理的分级管理

隐患排查治理工作实行四级管理，即班组、业务科室、职能部门、工业园区。班组实行班排查，主要排查治理生产作业现场隐患；业务科室实行日排查，主要排查治理本作业区域内的隐患；职能部门实行周/旬排查，主要排查治理分管生产系统、区域的隐患；工业园区实行月/季度排查，开展一次全面的隐患排查。

一、隐患排查方式方法

建立健全隐患排查制度，按不同生产性质、工作范围、作业特点、危害因素分别确定岗位、班组、科室、部门。

班组长对本班组作业范围内隐患进行全面排查。发现隐患立即治理，确认无危险时方准作业。当班作业结束时，收集整理隐患排查治理情况，形成班组隐患排查台账。

科室负责人每天对照科室隐患排查内容对分管区域内的隐患进行全面排查，将排查情况反馈至安全管理部门，同时填写科室隐患排查台账。

安管人员、部门管理人员进行安全检查时，按照被检查科室的隐患排查内容，对所检查科室工作地点进行全面隐患排查，排查情况交安全管理部门。

分管负责人及以上领导对生产作业现场安全检查后，应及时、准确、认真填写隐患排查信息，对排查出的隐患跟踪、监督、治理。

各分管负责人根据部门隐患排查内容，每周/旬至少组织一次分管生产系统和区域的全面隐患排查。业务科室负责隐患排查资料的收集整理，建立部门隐患排查台账。

园区主任每月/季度组织一次全面隐患排查，隐患排查情况由安全管理部门建立工业园区隐患排查台账，实行档案化管理。

业务科室、安全管理部门按分管业务范围，每月重点排查重大、较大隐患，分别建立隐患排查治理台账，跟踪、督查隐患治理情况，实施隐患排查治理闭合管理。

二、隐患治理及上报

各职能部门、业务科室负责人必须亲自安排本单位的日常隐患排查及治理工作。每班对现场隐患进行排查，指派专人负责隐患的治理。隐患治理必须符合责任、措施、资金、时限、预案"五落实"要求，确保治理落到实处。认真填写部门隐患排查及治理记录、验收记录、有关会议纪要等资料，并建立台账。

按照隐患分级标准对隐患进行分级治理。一般 E 级隐患由班组负责现场立即治理，并将治理情况上报业务科室。一般 D 级隐患由业务科室负责并及时组织整改，治理报告经科室负责人签字后报职能部门。一般 C 级隐患由职能部门及时组织治理，治理报告经分管负责人签字后报安全管理部门。一般 B 级隐患由职能部门、安全管理部门对分管业务范围内的 B 级隐患提出治理意见，指导有关单位制订隐患治理方案，并督促落实治理。一般 A 级隐患由园区安委会研究，提出初步治理方案并上报上级有关部门，经审批后，根据审批意见组织治理。

工业园区及入园企业对日常隐患排查、专项安全检查、季度安全大检查等查出的各类隐患要按照"五落实"的原则落实治理，把隐患治理落到实处，并纳入隐患排查治理台账，实行闭合管理。

三、隐患治理验收及销号

隐患治理复查验收情况纳入各级隐患排查台账。隐患治理复查验收合格，经复查验收人员签字，予以销号。一般 E 级隐患治理完成后，由班组长和跟班组成员复查验收；一般 D 级隐患治理完成后，由业务科室复查验收；一般 C 级隐患治理完成后，由安全管理部门复查验收；一般 B 级隐患治理完成后，由安全管理部门同相关业务科室复查验收；一般 A 级隐患治理完成后，由园区组织预验收，并上报上级组织复查验收。

四、重大隐患治理

重大隐患的治理由园区主任负责，组成重大隐患治理领导小组。在业务科室指导下，制定针对性措施，限期治理。对可能危及周边单位和人员的重大隐患，应及时告知。各职能部门、安全管理部门按照分管业务范围，对重大隐患实行挂牌督办、建档管理、节点控制、逐项验收，做到排查治理闭合管理到位。重大隐患排查治理实行"一案一档"管理，存档资料保存至少 10 年。存档的主要内容包括重大隐患评估定级材料、重大隐患排查报告表、安全管理部门重大隐患治理指令书、重大隐患治理方案、安全管理部门重大隐患跟踪督查记录表、重大隐患治理完成评估报告、重大隐患治理完成报告书、安全管理部门重大隐患治理完成审查表及其他相关资料。

第五节　隐患督办与升级制度

事故隐患升级与督办是安全生产标准化中对隐患排查治理所提出的新的要求，也是其与传统隐患闭环管理的重要区别。在事故隐患治理过程中实施分级督办，对未按规定（指内容、质量、期限）完成治理的事故隐患，及时提高督办行政层级。按照隐患治理对应的层级，隐患督办升级主要是将原隐患督办层级按照原计划层级向上升级，加大督办力度。隐患升级后的督办，由升级后的督办人对隐患治理过程进行监督、指导。

一、事故隐患督办制度

督办的提出是为了保证所有的隐患能够得到及时的治理，在治理过程中能够准确遵守相关规定，符合技术和措施要求，并在检查人、责任人之外，对隐患治理过程进行监督、指导。

按照安全生产标准化要求，工业园区应建立健全事故隐患排查体系，对排查出的事故隐患进行分级治理，不同等级的事故隐患由相应层级的单位（部门）负责，按事故隐患等级进行治理、督办、验收。

在督办前首先明确督办责任单位（部门）和责任人员，督办单位（部门）负责事故隐患排查治理督办工作，每月对各单位、专业的事故隐患排查治理情况进行检查、考核、通报。

1. 现场能够立即处理的隐患

这类隐患整改难度很小，班组能够在现场立即整改，检查人做记录时，明确治理单位及责任人、督办单位及责任人、验收人，一次性走完隐患排查、治理、验收整个闭环流程。

2. 非现场能够立即处理的隐患

这类隐患整改难度较大，班组现场不能立即整改，需要科室、部门甚至园区统一组织整改。检查部门排查出隐患，确定治理单位及责任人、整改期限、督办单位，治理单位制定安全技术措施进行整改。到期后，安全管理部门指定人员现场验收隐患整改结果，如未按规定要求（内容、质量）整改或逾期未整改，则隐患升级，提高督办部门行政层级，重新确定整改期限；如隐患还未按规定整改或逾期未整改，督办人可以在整个隐患治理期间进行多次督办，直到验收通过。

二、隐患升级督办流程

在事故隐患治理过程中实施分级督办，对未按规定（指内容、质量、期限）完成治理的事故隐患，及时提高督办行政层级。按照隐患治理对应的层级，隐患督办升级主要是将原隐患督办层级按照原计划层级向上提升一层，加大督办力度。

升级后的督办，督办信息、治理过程及完成信息应该向升级后的督办人报告，并由升级后的督办人增加督办记录。隐患升级督办后，原治理信息和督办升级后的信息都应该准确记录，并能够追溯。

三、重大隐患挂牌督办

园区自检或上级应急管理部门检查发现的重大隐患须实行挂牌督办。园区或入园企业应及时在大门或生产区域门口或其他显著位置公示重大隐患地点、主要内容、治理时间、责任人、停工停产范围等内容，园区安全管理部门对挂牌的重大隐患进行督促整改、跟踪督办和执法处罚，并督促治理单位及时记录治理情况和工作进展，定期向上级汇报重大隐患整改情况，直到整改结束。

应急管理或安全监管部门督促重大事故隐患治理责任主体单位严格按照"五落实"的要求制订重大事故隐患治理方案，并按照管理权限经相应级别应急管理部门或安全监管部门审核同意后方可启动整改。治理期间，要严格按照批准的整改工序依次实施。治理结束后，挂牌督办责任单位应组织现场复查验收。

在接到园区提交的验收申请后，应急管理部门或安全监管部门应组织相关工作人员进行现场验收，出具书面验收意见。验收合格的，依法按程序摘牌销号；验收不合格的，继续予以挂牌督办。发现园区重大隐患不上报，仍组织生产和建设的园区，应依法责令其立即停产整顿、限期治理，并予以处罚；对停产整顿期间仍组织生产建设的和经停产治理仍不具备安全生产条件的园区及入园企业，应依法提请政府予以关闭。总之，对于重大隐患必须立刻、全力整改。

第六节　隐患排查治理措施的制定

隐患排查治理措施是将失控的隐患恢复到受控状态的核心，也是隐患治理的依据。根据安全生产标准化要求，隐患排查治理措施应按照隐患等级和是否能够当班治理完成制定相应的治理措施。

一、措施制定

能现场解决的一般隐患按照现有措施现场治理、当场解决，对于一些治理时间长、治理难度大的隐患，按照责任、措施、资金、时限、预案"五落实"要求限期治理。

1. 责任

隐患排查治理分级管理要求对排查出的事故隐患进行分级，按照事故隐患等级明确相应层级的单位（部门）、人员负责治理、督办、验收，确保闭环流程的各个环节都有单位、人员负责。

2. 措施

治理单位及责任人接到隐患治理任务时，必须编制安全技术措施，并贯彻传达。隐患治理要做到安全技术措施、安全保证措施、强制执行措施和安全培训措施四到位，避免在隐患治理过程中发生事故。

处理危险性较大的事故隐患，治理过程中现场要有专人指挥、明确安全负责人（班组长及以上管理人员）、设置安全警示标识。

3. 资金

建立安全生产费用提取、使用制度，确保事故隐患排查治理工作资金有保障。

4．时限

检查部门排查出隐患，确定治理单位及责任人、整改期限、督办单位，治理单位制定措施进行限期整改。到期后，检查部门指定人员现场验收隐患整改结果，如逾期未整改，则隐患升级，提高督办部门行政层级，重新确定整改期限；治理单位在整改期间如没申请延期整改，但说明延期原因，且延期是由重新制订整改方案所致的，督办单位应予以考核。治理单位在隐患整改期间，没有特殊情况需要申请延期的，应严格按照督办部门要求的整改期限落实整改。

5．预案

对于整改难度较大、班组或科室解决不了的事故隐患由园区组织管理部门专业人员提出整改建议，指导责任单位制订整改方案，并督促落实整改。

对于重大事故隐患，由园区主任组织制订专项治理方案，职能管理部门和业务科室负责制定具体措施进行整改，安全管理部门督办。

二、措施完善

在隐患排查治理过程中，由于人的不安全行为、管理上的缺陷、技术上的不完善、环境出现的不确定因素等原因，往往会出现共性隐患、反复隐患、新增隐患和重大隐患，必须要加强分析隐患产生的原因，通过园区月/季度事故隐患统计分析和责任单位自查隐患产生的根本原因及内在机理，及时对有关条款进行相应的补充，完善具体措施与事故隐患措施。

第七节　隐患排查治理保障措施

为保证事故隐患排查治理，工业园区应制定制度、措施，从信息管理、改进完善、资金保障、专项培训、考核管理5个方面加以落实。

一、信息管理

采用信息化管理手段，实现对事故隐患排查治理记录统计、过程跟踪、逾期报警、信息上报的信息化管理。

二、改进完善

风险分级管控应根据工业园区实践情况，不断改进对风险的管控措施，使之更加贴近工业园区和入园企业的安全生产需要和安全管理现实。改进完善应基于月/季度、周/旬分析，然后根据其中管控失效的情况，对管控措施进行完善，如图 7-4 所示。

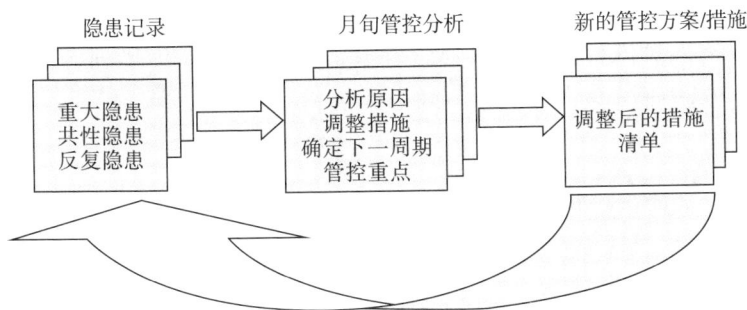

图 7-4　改进完善过程

园区主任应每月/季度组织召开事故隐患治理会议，对一般事故隐患、重大事故隐患的治理情况进行通报，分析事故隐患产生的原因，提出加强事故隐患排查治理的措施，并编制月/季度事故隐患统计分析报告。会议应对重大隐患、共性隐患、反复隐患、新增隐患等"追根溯源"，从工程设计、规程措施、规章制度、安全投入、安全培训、劳动组织、设备设施、现场管理、操作行为等方面进行系统分析并研究制定改进措施。月/季度事故隐患统计分析报告应当坚持"问题导向"，对下月/季度及今后隐患排查治理、安全生产管理工作提出针对性、可操作性的意见及建议。

三、资金保障

建立安全生产费用提取、使用制度。事故隐患排查治理工作资金有保障，根据《中华人民共和国安全生产法（2021 年修订）》和《企业安全生产费用提取和使用管理办法》，生产经营单位应保证安全生产投入，按照规定提取和使用安全生产费用。将安全生产费用提取、使用情况列入安全生产标准化考核内容，是为促进生产经营单位能够更好地落实安全生产投入。

四、专项培训

园区制订年度事故隐患排查管理技术人员培训计划，每年至少组织安全管理技术人员进行一次事故隐患排查治理方面的专项培训，可以采用专题讲座、专题研讨会、集中学习的形式进行。

五、考核管理

1. 建立日常检查制度

对事故隐患排查治理工作实施情况开展经常性检查。建立日常检查制度，确定检查范围，检查隐患整改的闭环档案、资料，进入现场对隐患治理情况进行验收。

2. 检查结果纳入工作绩效考核

典型的考核方法有内部市场化考核、安全诚信积分考核、安全隐患定额考核等。无论采取哪一种方法，都应将相关信息纳入信息系统，并及时公示、及时按承诺兑现。

第八章 广东省工业园区双重预防机制管理信息化建设

建立和实施双重预防机制体系是一项复杂的系统工程，涉及内容广泛，基础数据和信息量大，管理标准多，要求高。其中，安全风险辨识评估、管控等涉及内容、环节、人员多，传统工作手段效率低，无法有效实现统计分析及信息传递等功能。

现代信息技术是管理的使能器和放大器，给管理工作带来了新的空间，可以给双重预防机制建设落地提供有效的支持。国家、各级政府历次关于双重预防机制的文件中多次提出了要建立不同层次的双重预防机制管理信息系统。

根据各级政府和安全生产标准化要求，开展工业园区安全风险防控体系以及信息化和智能化平台建设是大势所趋，符合工业园区安全工作的客观规律，是构建安全风险分级管控和隐患排查治理双重预防机制的落地工具，是推进事故预防工作科学化、信息化、标准化、智能化的必然选择。

第一节 双重预防机制管理信息系统建设的基本原则与框架

长期以来，工业园区安全信息化建设处于初级阶段，各个部门按照"头痛医头、脚痛医脚"的路线建设各种信息系统，常见的有风险预控管理信息系统、隐患排查治理信息系统、安全标准化管理信息系统等。这些信息系统的建设大多无序，缺少顶层设计，没有统一的数据规范和开放的数据接口，结果形成了众多的信息孤岛。工业园区、入园企业、上级单位和行业监管部门之间的信息资源无法共享，严重阻碍了信息的上下流通。因此，融合物联网技术、大数据技术，基于统一的数据规范和开放的数据接口建设工业园区安全双重预防机制管理信息化平台如图8-1所示，对园区、入园企业、上级单位及行业监管部门都有重要的意义。

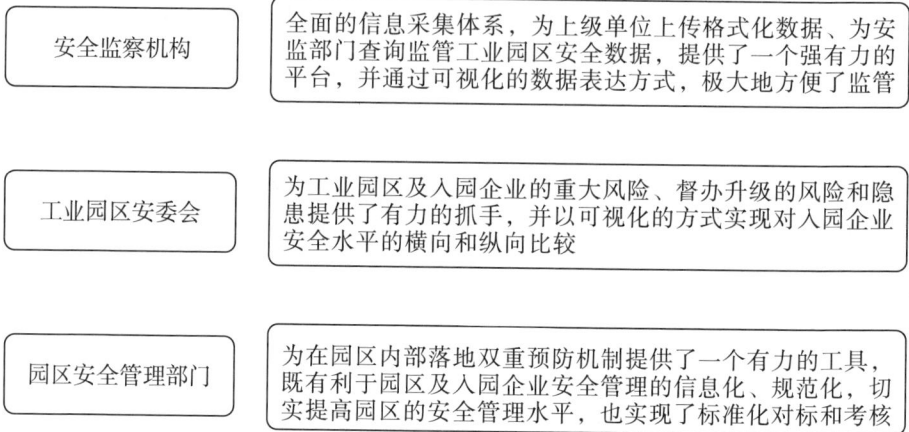

安全监察机构	全面的信息采集体系，为上级单位上传格式化数据、为安监部门查询监管工业园区安全数据，提供了一个强有力的平台，并通过可视化的数据表达方式，极大地方便了监管
工业园区安委会	为工业园区及入园企业的重大风险、督办升级的风险和隐患提供了有力的抓手，并以可视化的方式实现对入园企业安全水平的横向和纵向比较
园区安全管理部门	为在园区内部落地双重预防机制提供了一个有力的工具，既有利于园区及入园企业安全管理的信息化、规范化，切实提高园区的安全管理水平，也实现了标准化对标和考核

图8-1　工业园区安全双重预防机制管理信息系统的多层次应用

工业园区安全双重预防机制管理信息系统建设不同于一般的管理信息系统，信息共享、数据的标准化、系统的开放性是基本要求。系统规划应遵循自上而下和自下而上两种结合的方式开展。

一、工业园区安全双重预防机制管理信息系统建设总体原则

系统建设总体思路如图8-2所示。

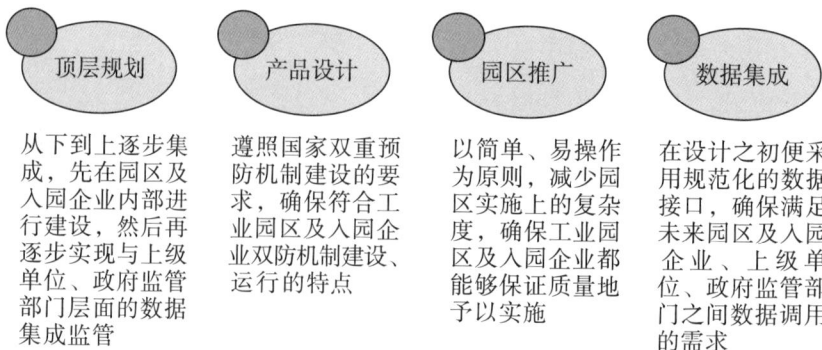

| 顶层规划 | 产品设计 | 园区推广 | 数据集成 |
| 从下到上逐步集成，先在园区及入园企业内部进行建设，然后再逐步实现与上级单位、政府监管部门层面的数据集成监管 | 遵照国家双重预防机制建设的要求，确保符合工业园区及入园企业双防机制建设、运行的特点 | 以简单、易操作为原则，减少园区实施上的复杂度，确保工业园区及入园企业都能够保证质量地予以实施 | 在设计之初便采用规范化的数据接口，确保满足未来园区及入园企业、上级单位、政府监管部门之间数据调用的需求 |

图8-2　系统建设总体思路

系统建设步骤可以按照先向下后向上的原则，先由工业园区建设，然后与各入园企业进行数据对接，待建设完成后，与上级单位和政府监管部门信息平台联网，逐步实现不同层级的数据集成监管。因此产品设计要有统一的数据标准，既要符合国家对双重预防机制建设的要求，又要符合园区自身特点；同时，系统操作应简单易用，有利于实施和推广。系统应为开放式的设计，支持与其他数据信息系统的集成，并预留数据共用接口，以实现数据共享，在设计上要避免形成信息孤岛，最大化利用存量数据资产。系统按照数据规划要求，未来可实现与人力资源系统、人员定位系统、安全监测监控系统、设备点检系统、地测管理系统、调度系统等的集成。

二、工业园区安全双重预防机制管理信息系统设计原则

双重预防机制管理信息系统的设计应遵循以下原则：

1. 系统开放性

系统应有开放的数据接口和 API 接口，便于不同系统之间的联网和数据共享。

2. 系统兼容性

系统需要保障与原有系统功能的兼容性。

3. 系统可扩展性

系统应该具有良好的扩展性，保障在需求发生变化，或新增需求，或与其他系统进行集成时具备快速开发和部署的能力。

4. 系统安全可靠

访问安全性要求，按照实际的使用对象对用户进行权限分级管理。系统的关键数据应根据重要程度进行不同级别的加密。网络尽可能采取内网部署，部署环境应安装各种信息安全保障软件以保障关键数据和系统运行的安全性。

5. 系统操作便捷

各项功能应尽可能操作简单便利，人机界面友好，满足一线安全管理需要。

6. 系统易于维护

系统需要提供针对应用数据的系统管理平台，让管理员用户可以直接

对系统中所使用的一些公共参数以及公共数据进行维护操作。

三、工业园区安全双重预防机制管理信息系统建设步骤

园区及入园企业是双重预防机制建设落地的基础，工业园区及所有入园企业都应成为信息网络上的一个节点，构建起覆盖园区及入园企业、上级单位、政府监管部门的多层次的双重预防机制信息化网络。系统建设步骤如图8-3所示。

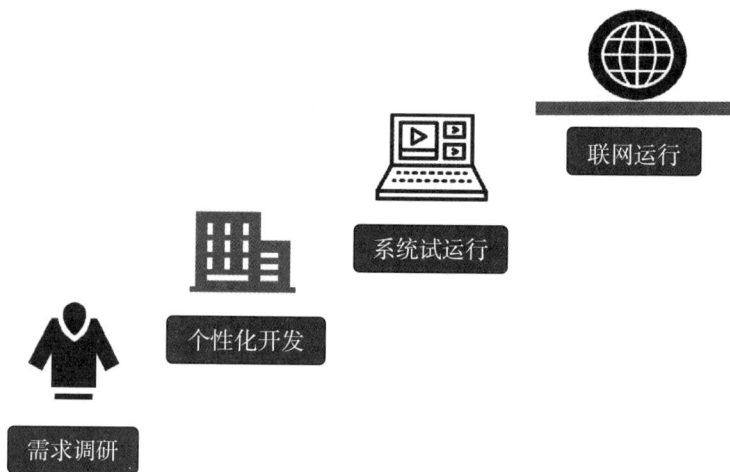

图8-3 双重预防机制管理信息系统建设步骤图

1. 需求调研

调研工业园区及入园企业现有相关业务流程，结合双重预防机制建设的标准要求，重新梳理现有工业园区及入园企业相关业务流程，提出园区双重预防机制管理信息系统构建的具体业务需求，绘制业务流程图和数据流程图并编制数据库。由于一般园区人员对平台开发要求了解有限，故需要平台开发人员进行辅助。

2. 个性化开发

园区及系统开发人员根据需求分析报告，完成双重预防机制建设总体方案的设计，完成双重预防机制管理信息系统的总体架构设计、功能模块的设计、编码设计、数据库设计，并进行系统开发。危险源、风险点、风险等数据格式编码遵循唯一性、一致性原则，便于后期在不同功能模块以

及不同系统中的数据共享。

3．系统试运行

这一阶段需要完成的任务主要有以下三个：

（1）数据初始化。系统投入运行前应完成岗位人员信息导入、风险数据库导入、风险点信息导入、危险源信息导入、作业活动导入、用户角色分配及权限设置等初始工作。

（2）系统使用培训。系统使用培训一般包括面向管理层的工业园区安全双重预防机制管理信息系统培训、面向体系实施负责人员的工业园区安全双重预防机制管理信息系统培训、面向基层员工的工业园区安全双重预防机制管理信息系统培训、面向入园企业安全管理人员的工业园区安全双重预防机制管理信息系统培训4个层次。

（3）问题分析和功能完善。系统试运行阶段需要和相关人员及原有的业务流程等进行磨合。在磨合阶段，可能会出现各种不匹配、不适应的情况，也会暴露出系统初始设计没有发现的一些问题。需要做好问题分析和收集整理工作，根据运行结果进行修正，不断完善系统。

4．联网运行

有上级单位和安全监管平台联网需求的系统，此阶段需要完成联网运行。满足上级单位和监管部门对数据上传的要求。

四、工业园区安全双重预防机制管理信息系统建设框架

1．系统的网络拓扑结构

一般而言，双重预防机制管理信息系统基于 B/S 结构设计，方便用户采用浏览器访问双重预防机制管理信息化平台，即输入相应的 URL 来访问信息系统。园区及入园企业通过互联网或内网访问应用程序服务器登录系统，数据之间相互独立，如图 8-4 所示。

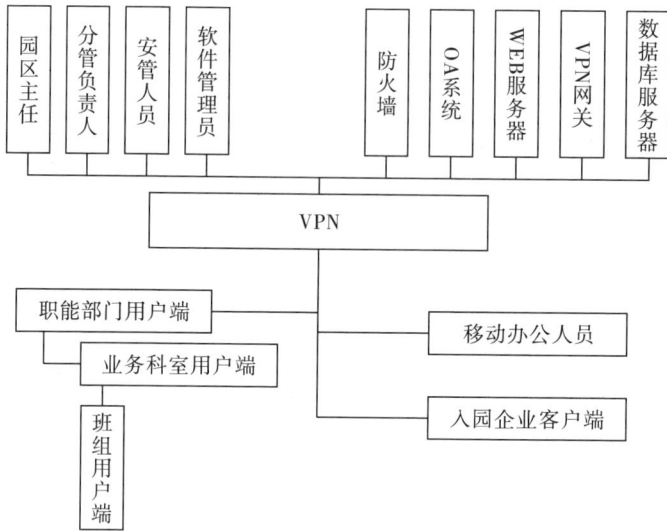

图 8 – 4 网络拓扑结构示意图

园区及入园企业完成了系统建设任务后，还可以实现与监管平台的联网，如图 8 – 5 所示。

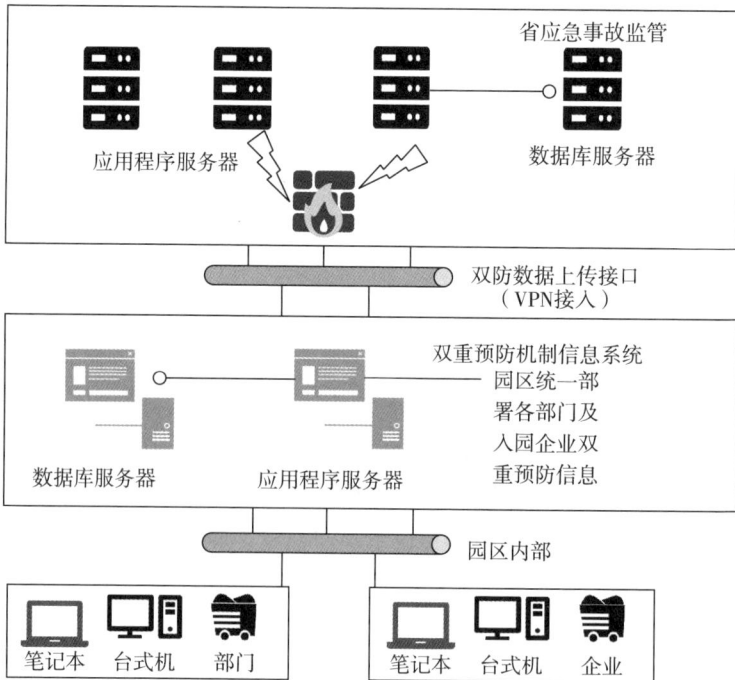

图 8 – 5 系统与监管平台联网示意图

2. 系统部署模式

综合考虑创建单位的实际情况，系统应支持多种部署模式。常见系统部署模式如下：

（1）集中部署。

系统可以统一部署在园区服务器上。客户终端和服务器之间通过 VPN 实现安全连接。许多大型单位构建有信息中心，统一采购服务器软件和硬件，采用此种模式可以实现系统和数据的集中管理。

（2）分布式部署。

将系统部署到不同的服务器上，而将管理端系统部署到园区服务器上，客户终端和服务器之间通过 VPN 连接。这种模式可以有效利用园区现有的服务器资源，部署也相对容易，具有很好的适应性。

（3）托管模式。

此种部署模式是将系统软件和数据部署在第三方云服务器上。优点是客户端电脑只需要安装一个浏览器即可使用，维护简单，初始成本低。不足之处是后期系统的扩展性较差，数据存在丢失和泄露的风险。

3. 系统的功能结构设计

工业园区安全双重预防机制管理信息系统解决方案需要兼顾工业园区、入园企业、上级单位等多层次的需要，同时还应考虑不同的应用环境，仅靠单一的系统是难以满足要求的。完整的解决方案应包括风险分级管控管理信息子系统、隐患排查治理管理信息子系统、集团端安全管理信息子系统和移动端管理信息子系统等。

4. 系统的性能需求

（1）适用性。

工业园区安全双重预防机制管理信息系统的设计以及开发依据的规范是安全生产标准化标准及安全规程等相关文件，操作方面应满足管理端、企业端和上级单位端用户的操作习惯，既要符合国家对双重预防机制建设的要求，又要能满足园区及入园企业的实际要求。

（2）可靠性。

系统必须保证稳定可靠，除系统维护外，始终处于在线状态，不允许经常出现系统紊乱的情况。

（3）安全性。

非授权用户无法访问本系统；访问控制应达到页面级限制。

（4）系统响应速度。

系统响应速度即系统从用户提交请求到返回处理结果的时间，要少于10秒；外部数据传输及处理时间要少于30秒。

（5）并发性。

系统在单位时间内同时能够提供用户服务的数量应满足工作需要，一般不少于30个终端。

5. 系统实施的软件、硬件需求

工业园区安全双重预防机制管理信息系统通常应使用专门的应用程序服务器和数据库服务器，运行期间根据需要再增加应用程序服务器。应用服务器可以使用 Nginx 框架进行负载均衡。为保证数据安全，需要为服务器配备数据备份功能，可以采用双机热备保障数据的可靠性和安全性。

第二节　风险分级管控管理信息子系统

风险分级管控管理信息子系统是工业园区安全双重预防机制管理信息系统的重要组成部分。安全风险分级管控管理信息子系统的功能设计应对标安全生产标准化中的内容，包括：风险点管理、园区级风险库管理、部门风险库管理、专项风险辨识管理、重大风险管控、定期风险管控、安全风险统计分析和可视化预警、安全风险区域预警等功能模块。最终实现安全风险的记录、跟踪、统计、分析和上报全过程功能。风险分级管控管理信息子系统功能模块如图 8 - 6 所示。

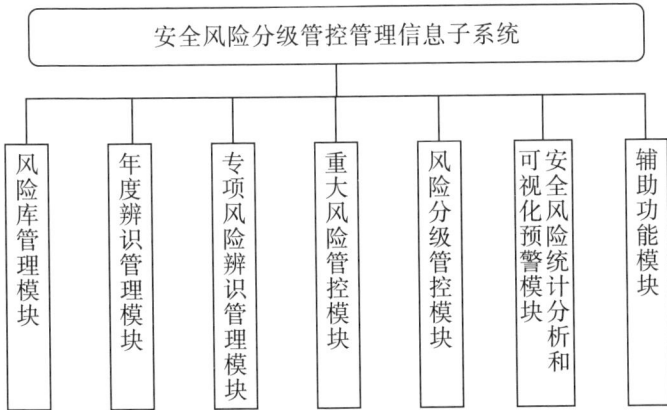

图 8-6　安全风险分级管控管理信息子系统功能模块

一、风险库管理

风险是指生产安全事故或健康损害事件发生的可能性和后果的组合。以"1+4"安全风险辨识模式（即 1 次年度辨识评估和 4 个专项辨识评估）形成风险清单，单列重大风险清单。由风险辨识评估出来的风险信息应录入信息系统，进入风险数据库，以实现安全风险的记录、跟踪、统计、分析和上报的功能。

二、年度辨识管理

每年底由园区主任组织各分管负责人和相关职能部门、业务科室、班组进行年度安全风险辨识。年度辨识管理的整体逻辑是，先由各专业的分管负责人组织将本部或本专业辨识出的风险录入系统，形成部门风险库，部门相关人员对本部门的风险库进行添加、编辑、删除、查看及上报。

在确定本部门的风险辨识结果准确无误后，将其上报到上一级进行审核。审核的目的是对风险辨识评估的规范性、管控措施的合理性和有效性、责任人的适当性进行把关，保证最后进入工业园区一级风险库里的风险信息的质量。若风险审核不通过，驳回到部门重新进行修改完善后再上报，如图 8-7 所示。

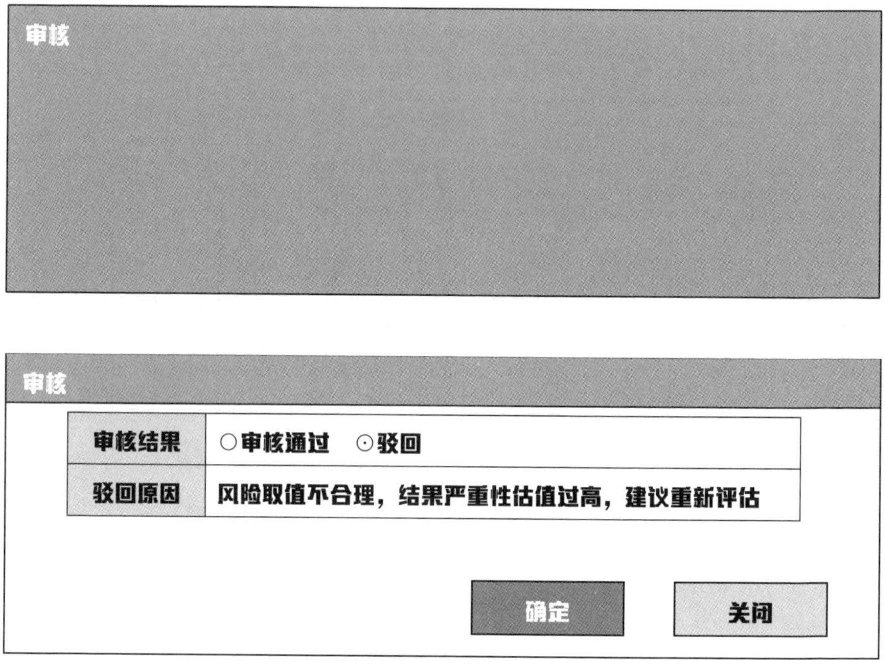

图 8-7　风险审核示意图

　　各部门上报并经过审核的风险汇总后形成园区级风险库,对风险库里的风险按照分级、分类、分层、分专业的原则落实责任部门、责任人进行分级管控,整个安全风险分级管控以风险库为基础,因此风险库的质量直接决定了日后安全管控工作能否有成效、顺利地落地。这一级的风险库一般还应包括上报到上级单位及行业监管部门的功能,以及风险清单批量导入/导出的功能,导入/导出的文件一般以 Excel 或 Word 格式文件为主。风险的导入功能可以通过制定风险导入模板,来规范需要填报的信息内容和格式。

　　园区级风险库填写示例见表 8-1。

表 8-1　园区级风险库填写示例

序号	风险项目	风险信息	备注
1	辨识日期	2022-01-01	
2	危险源名称	煤尘	
3	风险位置	锅炉房	

（续上表）

序号	风险项目	风险信息	备注
4	风险描述	煤仓库煤尘散落	
5	导致事故类型	火灾、爆炸	
6	风险等级	一般风险	
7	信息上报人	赵一	

三、专项风险辨识管理

专项风险辨识（如"1+4"安全风险辨识模式中的4个专项辨识评估）的时机有：

（1）设计前进行安全风险辨识。

（2）生产系统、生产工艺、主要设施设备、重大灾害因素等发生重大变化时，要进行安全风险辨识。

（3）高危作业实施前，新技术、新材料试验或推广应用前，（连续停工停产1个月以上的项目）复工复产前，进行专项辨识。

（4）发生死亡事故或涉险事故、出现重大事故隐患或广东省内发生较大事故后，开展有针对性的专项风险辨识。

通过专项风险辨识可以动态补充完善园区的风险库，以弥补年度风险辨识评估因周期太长导致的时效性上的不足。专项风险辨识评估完成后需要将辨识过程信息和辨识结果信息录入信息系统。辨识过程信息一般包括辨识日期、辨识名称、辨识类型、辨识地点、辨识负责人及参加人员、辨识结论等；辨识结果是指本次专项风险辨识评估辨识出的风险清单，格式如图8-8所示。

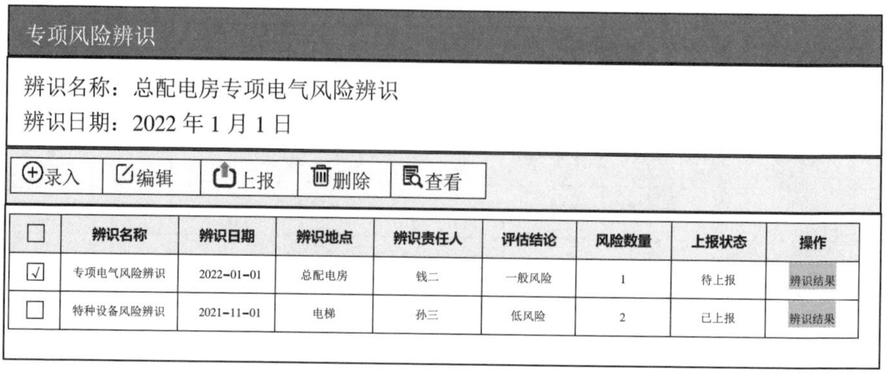

图 8 - 8 专项风险辨识示意图

专项辨识管理模块一般包括添加、编辑、辨识过程信息录入、辨识结果信息录入以及上报到上级单位和行业监管部门的功能。

四、风险分级管控

风险分级管控是在风险辨识和风险评估的基础上，预先采取措施消除或控制风险的过程。如果管控措施失效或管控不到位即转化为隐患，会增加发生事故的概率。

风险分级管控由风险管控措施的制定、管理，以及风险定期检查管理两部分组成。这模式通常又被称为"3 + 1"风险分级管控。"3 + 1"风险分级管控模式主要针对重大风险，因此信息系统中应对单列的重大风险清单进行管理，如图 8 - 9 所示。

图 8 - 9 "3 + 1"风险分级管控模式示意图

园区辨识出来的每一项重大风险都需要制订具体的工作方案进行管控，方案中要能明确资金、人员、技术保障。工作方案可以附件的方式上传到信息系统，并附在每一个重大风险的后面，以方便查看。信息系统中应能够在每一个重大风险存在的区域里设定作业人员上限。

园区重点管控的风险的跟踪记录，需要通过园区主任每月/季度组织的一次对重大安全风险管控措施落实情况和管控效果的检查分析，分管负责人每周/旬组织的一次对分管范围内安全风险管控重点实施情况的检查分析，以及领导跟班/带班跟踪重大风险管控措施的落实来实现。信息系统中可以将每一次的检查分析报告和跟班/带班检查记录信息录入信息系统，一般采用附件的方式上传，方便查阅、下载、归档和管理。重大风险管控示意图如图 8 - 10 所示。

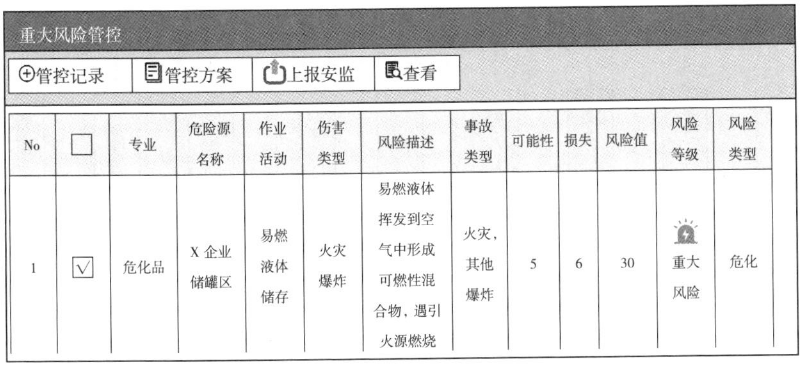

重大风险管控												
⊕管控记录		管控方案		上报安监		查看						
No	☐	专业	危险源名称	作业活动	伤害类型	风险描述	事故类型	可能性	损失	风险值	风险等级	风险类型
1	☑	危化品	X企业储罐区	易燃液体储存	火灾爆炸	易燃液体挥发到空气中形成可燃性混合物，遇引火源燃烧	火灾，其他爆炸	5	6	30	重大风险	危化

图 8 - 10　重大风险管控示意图

五、安全风险统计分析和可视化预警

该模块是根据前述各模块数据，实时或定期从多维角度统计分析园区安全风险的状态、趋势等内容。一般可以从风险数量、风险专业部门分布、风险等级分布、危险源分布等维度统计分析，以及按照时间线查看安全风险变化的趋势，对重点区域安全风险进行可视化预警等，从而为工业园区的安全风险管控决策提供全方位的支持。

除了上述核心模块外，信息系统还需要具备岗位管理、危险源管理、作业活动管理、用户管理、角色管理、权限管理、组织机构管理、文档管理、报表管理和其他基础管理等功能。

第三节　隐患排查治理管理信息子系统

隐患排查治理管理信息子系统对标安全生产标准化中对应的内容，包括隐患闭环管理、隐患上报管理、隐患督办管理、重大隐患上报管理、排查计划管理、事故隐患统计分析与预警管理等功能模块，最终实现事故隐患排查治理的记录统计、过程跟踪、逾期报警和信息上报等功能。隐患排查治理管理信息子系统功能模块如图 8-11 所示。

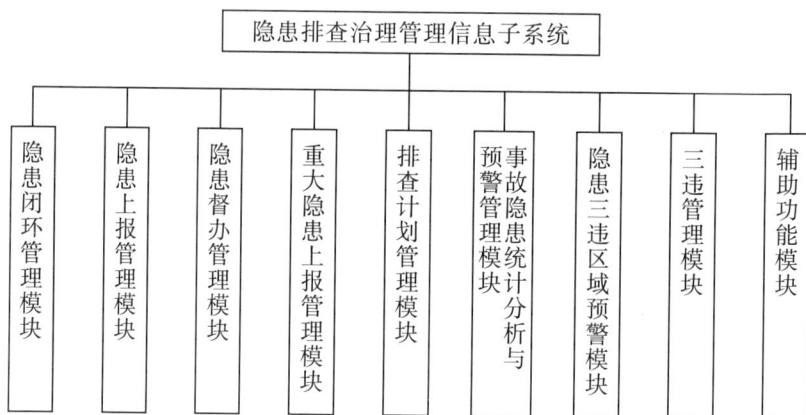

图 8-11　隐患排查治理管理信息子系统功能模块图

一、隐患闭环管理

1. 隐患问题录入

园区检查人员根据现场检查情况填写隐患问题检查表，然后根据问题检查表将隐患问题逐条录入系统。发现排查隐患的方式包括定期隐患排查管理和日常隐患排查治理，具体形式有上级检查、园区领导带班检查、职能部门排查、业务科室日常排查、班组及岗位人员自查、安全管理人员检查以及入园企业检查等多种。信息系统应提供各种隐患定期排查结果的管理，包括月/季度、周/旬、日/时排查情况以及专项排查管理情况等。录入的隐患信息一般应包括发现隐患的时间、发现隐患的地点、隐患描述、隐患分级、检查人、检查单位、整改责任单位、整改责任人、整改期限及关联的危险源等。各单位部门将排查出的隐患录入系统，指定整改责任部门和责任人，即进入整改、复查、验收销号的闭环流程。

2. 隐患整改

隐患整改部门负责人或隐患整改人登录信息系统，查看需要本部门或本人整改的事故隐患。

在完成隐患整改之后，登录系统选择一个已整改完毕的事故隐患，登录整改信息。如图 8 - 12 所示。

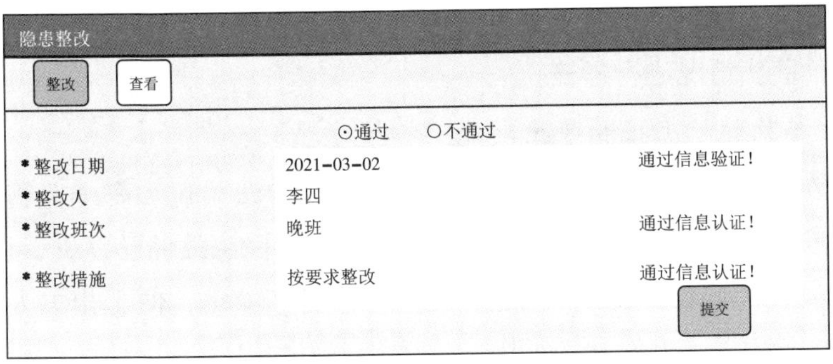

图 8 - 12　隐患整改示意图

3. 检查人复查

复查验收是检查人在整改责任人完成对隐患的整改后，确认整改情况的环节，是整个隐患闭环管理的重要步骤。复查人登录信息系统，查看需要本人复查的隐患。在完成现场隐患整改情况复查后，登录系统选择一个已复查完毕的事故隐患，登录复查信息，如图 8 - 13 所示。

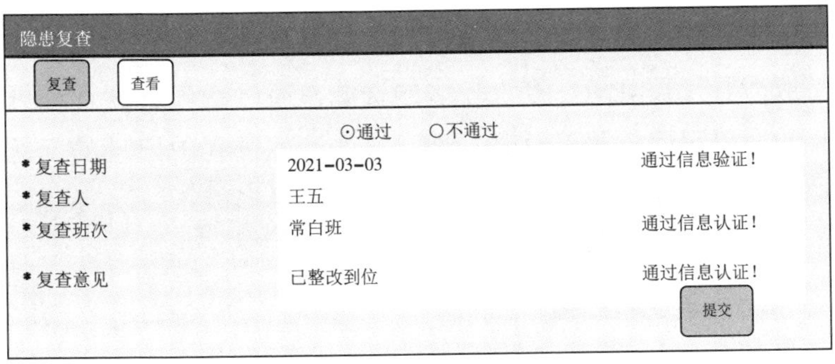

图 8 - 13　录入复查信息示意图

4. 隐患整改异常问题管理

隐患整改异常是风险管控的主要因素之一，突出表现在隐患整改流程出现异常，导致隐患未能及时整改，如发现隐患未及时录入系统、责任单位整改不及时、过期未复查、不能按期整改的隐患未延期、退回隐患未及时指定新的责任部门等。以退回隐患为例，检查人认定某部门对某个隐患负有责任，但该部门认为该隐患不是本部门或本人的责任，因而将问题予以退回，信息系统要能提供对此类问题的及时发现、实时告知及预警功能。例如，针对未及时整改的问题隐患进行升级预警，C 级隐患未按时整改升级到 B 级，B 级隐患未按时整改升级到 A 级，以此类推，还可以通过红、黄、蓝等不同颜色给以警示，发短信告知等。同时还要对责任人和责任部门的责任落实情况进行考核。

5. 事故隐患上报和导出功能

事故隐患上报功能模块的设置是为了满足上级单位和安全监管部门对园区隐患上报的要求。事故隐患导出功能可以将隐患按照已复查、待整改、待复查、复查未通过等多种类别分类导出或打印输出，便于相关人员获取需要的信息内容，方便开展工作。

二、重大隐患上报管理

重大隐患上报管理实现的是重大隐患的闭环与上报流程，其功能一般包括重大隐患录入、编辑、删除、查看、督办查看、督办同步、重大隐患上报、治理进度管理等。重大隐患一般需要挂牌督办，通过督办查看、督办同步可以查看挂牌督办单位、督办时间、督办进程等。重大隐患上报功能，用于将园区查出的重大隐患上报到上级单位和安全监管部门。重大隐患治理一般需要较长时间、投入较多的资源，通过治理进度管理可以实现治理过程的全程跟踪，便于及时发现、解决治理过程中出现的问题，实现目标可控、时间可控。

三、隐患督办管理

对于超期、复查没通过的隐患等，自动进行升级管理并由上一级部门进行督办；对于重大隐患，则自动提升为园区主任督办管理，包括督办等级管理、督办下发管理、督办监督管理、督办销号管理等。

四、排查计划管理

排查计划管理模块的设置目的是落实安全生产标准化中要求完成的年度排查计划制订、园区领导定期组织的覆盖各生产系统和各岗位的事故隐患排查以及各分管负责人按期组织的对分管领域全面的隐患排查。因此，该功能模块应支持年度排查计划上传的功能，一般可以附件的形式上传到系统中；支持每月或每周的排查计划信息的录入、编辑、派发、受理等功能，其排查计划信息内容一般包括排查时间、排查方式、排查范围、排查重点内容和参与排查的人员。

排查计划的派发是将园区领导组织制订的排查方案以计划的形式录入信息系统并下发到各个部门科室，排查计划的受理是各分管负责人和部门科室进入信息系统对属于本部门的排查计划进行受理，并按照排查计划的要求完成每月或每周的事故隐患排查任务。排查出的事故隐患，通过隐患闭环管理功能模块录入到系统中进行闭环处理。

五、事故隐患统计分析与预警管理

事故隐患统计分析与预警管理模块应对系统中园区级的各种隐患数据实现多维度的统计分析、报表统计、图形显示、预警等。根据园区实时的安全管理状态，对隐患排查治理的情况按照隐患分级、整改验收情况进行分类统计，对隐患"三违"分布情况进行可视化管理，同时对风险和隐患的重大变化提出预警，采用不同颜色优先显示等功能，实现对责任人和管理人员的预警、短信告知等。通过隐患排查与危险源的关联，可以实现事故隐患和不安全行为的事前预测、事中闭环处理和事后统计分析等全方位的安全管理。

除了上述核心模块外，信息系统还需要提供用户管理、角色管理、权限管理、组织机构管理、文档管理、报表管理和其他基础管理等功能。鉴于信息系统使用用户数多，人员类型多样，所需权限差异大，因此系统应能提供灵活的角色设置，以实现用户权限的有效管理。系统权限管理能够根据单位和用户角色批量下发功能、批量分配权限。

第四节 双重预防机制管理信息系统的深化

园区安全双重预防机制管理信息系统在完成工业园区风险分级管控管理信息子系统和隐患排查治理管理信息子系统建设之后，需要对其应用进行深化研究，主要的研究方向包括上级单位对园区的管理需求、工业园区自身需求、工业园区对入园企业的监管需求，园区生产经营风险隐患数据录入管理一体化的需求以及双控系统的考核需求等。

一、集团端双重预防机制管理信息子系统的设计

集团端主要安全监管需求是上级单位对工业园区及入园企业的风险辨识评估情况和风险管控情况、隐患排查治理情况、督办验收情况等上报的结果进行分析，并进行相关考核管理等，以安全监管为核心，不参加具体的风险管控和隐患整改工作。集团端的主要功能应包括以下几点。

1. 集团风险、隐患查询

对工业园区上报的风险、隐患和风险管控信息进行汇总，为集团提供多口径的风险、隐患查询功能，分集团、园区风险、隐患查询，风险类型分为年度辨识风险和专项辨识风险，隐患类型分为一般隐患和重大隐患。

2. 集团风险、隐患分析与预警

上级单位可根据园区的风险分级管控信息、隐患排查治理信息的及时性等，对下属单位的风险分级管控工作及隐患排查治理工作执行情况进行分析与预警。

3. 集团安全考核评价管理

实现集团对下属单位风险管控体系、隐患排查治理体系的运行情况进行定期考核评价。系统依据安全风险分级管控机制的考核评分标准、隐患排查治理机制的考核评分标准的层级架构和考核要素的重要程度，并严格

依据用户权限进行考核指标的设置与管理。

二、移动端双重预防机制管理子系统的设计与开发

基于桌面端的信息系统应用存在以下的不足：

（1）负责风险分级管控和隐患检查工作的人员需要带着纸质的检查卡片到生产经营现场，容易遗漏且覆盖信息有限。

（2）现场检查出的问题需要手动记录，离开现场以后需要再次录入电脑端系统，造成人员重复劳动，工作效率低下。易滋生小问题不录入的现象，弱化了后期系统数据统计分析的可靠性。

（3）因手动录入信息不可避免的延迟问题，所以隐患信息时效性差。

（4）缺少隐患和"三违"现场取证的工具。

（5）由于现场缺少针对历史信息的查看手段，无法发现重复隐患和"三违"问题，不能对隐患治理情况进行实时跟踪。

由此可见，建设移动端信息子系统的意义在于，能够实现隐患和违章的现场快速录入，容易对现场隐患和"三违"拍照或录像取证，检查任务的信息化派发，历史问题查看，一键上传检查数据等，帮助园区构建一体化的风险分级管控、隐患排查治理的管理信息系统。

移动端子系统功能结构如图 8-14 所示。

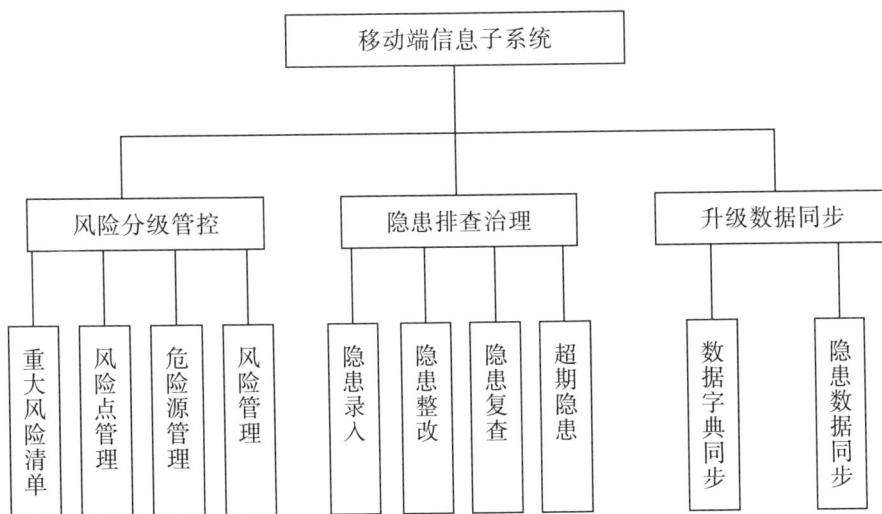

图 8-14　移动端子系统功能结构示意图

三、安全考核管理子系统

安全考核管理子系统主要实现安全绩效考核结果的计算与发布，实现绩效考核的公开、公正，主要功能包括绩效考核排名、计算模型管理、绩效排名管理（包括时间范围设置、各种模式的报表管理）、发布方式管理（不同的发布平台、不同的发布范围等）、排名申诉与举报管理等。该系统为管理人员提供所属各单位安全管理总体绩效情况的信息，使其能够对存在问题的单位提前预警，包括所属单位安全绩效异常分析（与自身过去、其他单位比）、单位安全绩效预警（未来预测可能有问题）等功能，该功能的充分发挥需要建立在长期数据积累的基础之上。

1. 考核数据管理

该模块主要功能包括考核部门管理，考核任务管理，考核信息录入、修改、删除等功能。

2. 绩效考核排名与发布管理

该模块主要实现安全绩效考核结果的计算与发布，实现绩效考核的公开公正。

3. 考核指标管理

该模块主要根据企业管理要求对考核指标进行生成、调整，包括考核层级设置、考核指标与考核权重设定、指标类型管理、积分类型管理等。其中，考核指标与权重应能够进行动态配置。

4. 安全绩效预警

该模块主要为园区管理人员和入园企业提供所属单位安全管理总体绩效情况，使其能够对存在问题的单位提前预警。

5. 考核决策分析

该模块提供考核结果横向对比分析及考核结果多口径比较，主要为各级管理人员提供决策支持。

综上所述，以风险分级管控管理信息子系统和隐患排查治理管理信息子系统为核心，结合集团端信息子系统、移动端信息子系统和安全考核管理子系统构成了一个完整的工业园区安全双重预防机制管理信息系统。与以往各种安全管理软件不同，此信息系统要求在开发方面能实现风险动态可视化管理，使园区风险点的风险等级在园区平面图上一目了然，为把控园区安全状况、制定针对性决策提供有力的技术支撑，同时为隐患的实时监控和管理提供可视化支持。根据风险点的性质按照风险类型进行划分，根据风险的性质对风险按照专业、风险等级、事故类型进行分类，实现风险的多样化统计分析功能。其创新点体现在如下几方面：

（1）把安全标准化和国家双重预防机制的要求与工业园区安全管理实践相结合，并为监管部门提供数据上传接口功能。

（2）实现把风险按照事故类型、伤害类别、专业分类等功能，实现风险多维度统计分析功能。

（3）基于大数据技术，利用数据挖掘和文本挖掘技术，实现对安全隐患历史数据的深层次分析，揭示了隐患信息的分布规律以及隐患与风险的内在关系，实现了风险的超前预控以及安全隐患的预测、预警、预报功能，保障了安全关口前移。

（4）双重预防机制管理信息系统的设计开发与应用，能够实现安全风险数据规范化，将大大缩短排查隐患处理速度和整改效果，充分调动和发挥各级管理人员的积极性、主动性，将安全生产的理念真正渗透到工业园区生产经营的各个环节、各个岗位。真正形成全员、全过程、全方位的安全风险分级管控及全覆盖排查隐患、治理隐患。

（5）工业园区安全双重预防机制管理信息化平台的应用，为实现一张图管理奠定了基础，使园区风险点的风险等级在园区平面图上一目了然；为把控园区及入园企业安全状况，为制定针对性决策提供有力的技术支撑，同时对隐患的实时监控和管理提供可视化支持；为安全生产营造良好的作业环境，成为保障安全生产的长效机制。

第九章 广东省工业园区双重预防机制的持续改进

第一节 风险分级管控与隐患排查治理机制之间的关系

　　风险分级管控是指按照风险不同级别、所需管控资源、管控能力、管控措施复杂及难易程度等因素确定不同管控层级的风险管控方式。隐患排查治理是指工业园区及入园企业组织安全生产管理人员、工程技术人员和其他相关人员对本单位生产组织过程中人、机、环、管等方面存在的不安全因素、不安全行为进行梳理排查，并对排查出的事故隐患按照事故隐患等级记录跟踪，采取相应措施进行处理、整改的工作过程。

　　风险分级管控与隐患排查治理看似是两个不同的工作，实际是一个整体，两者共同作用实现了对事故隐患的全过程管理，构成了工业园区安全双重预防机制。风险分级管控是对隐患的提前管控，隐患排查治理是排查治理隐患，两者构成了两道防线，共同防范园区安全生产事故的发生。

　　图9-1为风险分级管控与隐患排查治理关系图。

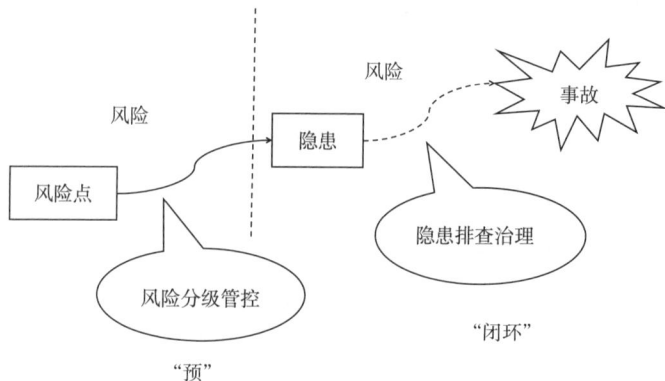

图9-1　风险分级管控与隐患排查治理关系图

从图中可以看出，风险在前，隐患在后，风险分级管控相比于隐患排查治理工作，使安全关口进一步前移。当风险的管控措施失效，即会导致隐患的出现，隐患如果未及时地排查、治理，在某些因素下，就有可能导致事故的发生。从以往关注事故，在事故发生之后怎样预防、怎样追查，到怎样管理隐患、排查治理隐患，再到现在提出要控制风险，安全关口得到了进一步前移。风险分级管控主要是从"风险—隐患"这一过程切断事故因果链，隐患排查治理主要是从"隐患—事故"这一过程切断事故因果链，因此叫作双重预防工作机制。安全管理对风险的管理是超前的，工作之前就要识别风险、评估风险，然后制定措施来预防这些风险失控，这是工作前的预控。在工作过程中，对隐患进行排查，排查出隐患之后，对隐患进行治理。因此，工业园区安全双重预防机制是事前、事中、事后对隐患的全过程管理。

风险分级管控与隐患排查治理两者相辅相成、相互促进。隐患排查治理工作本身是风险分级管控创建过程中的重要内容，是过程控制的重要环节，搞好风险分级管控工作可以有效减少隐患，减轻隐患排查治理的工作量。而日常的隐患排查又恰是对风险分级管控工作优劣的检验和促进，可以帮助风险分级管控工作查找不足，持续改进。

第二节　风险数据持续完善

工业园区安全双重预防机制就是要准确把握安全生产的规律，坚持以风险分级管控为核心，坚持超前防范，关口前移，从风险辨识入手，以风险管控为手段，把风险控制在隐患形成之前，并通过隐患排查治理及时找出风险控制过程中存在的漏洞，把隐患控制在事故发生之前。工业园区安全双重预防机制建设的实质是在系统全面识别生产作业过程的危险源和风险的基础上，通过控制危险源或危险因素实现安全风险控制或事故控制。而风险数据库作为现代企业安全管理的基础，是生产经营单位从原有的经验化管理过渡到系统化管理的依据。因此，建立全面的工业园区安全风险信息数据库，是园区实现系统化安全管理的基础。

一、目前园区风险数据管理存在的缺陷

1. 安全管理效率低下

目前，我国园区的安全管理工作多采取管理人员手工记录、管理风险数据，有关工业园区及入园企业安全管理的相关信息（操作规程、法律法规、记录信息等）都是通过手工记录和查询来完成的。大量繁杂的数据都需要通过人工记录和查询来完成，在提取相关数据时，都需要人工筛选和处理。这样的管理方式给安全管理部门的工作增加了难度，如果数据不准确，甚至错误，就会导致安全管理部门在工作中作出错误的判断，造成隐患的产生，甚至可能导致事故的发生。这样的工作方式效率低下，在面对同类型的事件时，还需要重新处理，无法将类似的事故横向比较，杜绝同类事故的重复发生。上下级之间、部门之间的安全信息传递也依赖人工的文本传送或者口耳相传，浪费了时间且准确率较低。在进行决策时，无法提供有力的支持。

2. 没有实现信息资源的共享

目前大部分园区及入园企业并没有建立风险数据库，仍在实行传统的安全管理，没有建立工业园区安全风险数据库；或是有部分园区虽然建立了安全信息系统，但未建立园区及入园企业风险数据库，安全信息系统只起到了标准化办公的作用，并没有起到实际辅助管理人员进行决策的作用，没有发挥其应有的作用。

未实行安全生产信息化管理的工业园区，不能充分利用安全管理方面的相关信息及已有的经验资源，在管理过程中易导致信息重复建设，各个部门都在制定相同或相近的管理文件；在使用过程中，才发现内容的堆叠和重复。一个文件多种版本，这就造成了园区安全管理的混乱与无序。

3. 无法实现风险数据的动态管理

工业园区在日常生产中，会面临各种各样的风险，风险数据并不是一成不变的。随着园区生产规模的扩大、生产方式的变革、入园企业的增加或变化、新设备新工艺的引入、作业场所环境的变化等，都会产生新的危险源。传统的安全管理模式，只是纯经验化的安全管理，没有一个理论、系统的分析方法和过程，这样的管理模式就有很严重的滞后性，不能有效保证一线员工的安全。

4．不易实现安全应急决策

由于导致事故发生的危险因素是多方面的，而且经一线人员获取的信息也是多方面的，当需要作出安全决策的时候，没有建立规范化的风险数据库的园区及入园企业，面对纷繁而庞杂的多方信息，就很难做出正确的应急决策。同时，对以往发生的事故案例缺乏系统的管理，不易实时查询，无法横向对比，这就增加了决策人员的工作难度，增加了决策的响应时间，这样就可能导致事故发生率的上升，造成更大的损失。

二、风险数据完善的建议

1．建立风险数据库

数据库是伴随着通信技术以及计算机技术的不断进步而随之产生的，将这些技术应用于安全生产事故预防、处理，以及安全生产的日常管理中，可以改变传统安全生产过程控制的结构，从而提高安全生产管控效率，减少安全生产事故发生概率。风险数据库通过计算机实现风险数据录入和储存，通过局域网和因特网实现信息传递，通过程序实现相关数据的处理和反馈。工业园区安全双重预防机制信息系统运行的关键是风险数据库的建立。信息系统利用数据的积累提供辅助、预测的手段，从而支持管理层作出决策、协助部门科室管理人员进行运行控制、指导基层进行流程运作、辅助新进员工的培训、帮助实现安全生产目标。

2．确保数据质量，强化数据分析利用

风险数据库是安全双重预防机制信息系统运行的基础，只有确保数据的质量才能保证信息系统的有效运行，所以必须保证风险数据的质量，规范数据采集和审核流程。在数据采集环节，重点强化风险辨识人员对风险辨识的全面性以及评估的准确性，严把数据入关口；在数据审核阶段，加大审核力度，提高审核人员专业素养，按照"谁审核，谁负责"的原则，明确数据质量责任主体，重点是做好风险数据的分析利用工作，提高风险数据的利用价值。

3．规范风险数据标准

规范和科学的标准数据，是实现园区各职能部门之间以及园区与入园

企业之间风险数据交换、资源共享和对接的前提，可以促进信息系统高质量、秩序化地运行和实现数据的高效、准确的传输以及应用。而目前园区缺少一个规范化的风险数据标准，各园区及入园企业各自按照自己的标准整理风险数据，这就给风险数据的交换造成了极大的不便。因此，确立风险数据国家标准和行业标准是风险数据完善的重要方向。

第三节　双重预防机制的考核制度

考核是生产经营单位管理最有效的管理工具，工业园区安全双重预防机制考核制度的建立和应用是促进园区安全双重预防机制建立、健全和有效推行的方法。

一、工业园区安全双重预防机制考核制度的建立

1．考核目的

进一步加强安全生产管理，建立健全工业园区安全双重预防机制，落实风险分级管控和安全隐患排查治理工作主体责任，杜绝安全生产事故发生，确保园区生产经营稳定、有序运行，实现安全生产长效机制。

2．考核内容

（1）风险分级管控。

①建立健全风险分级管控责任体系，建立健全风险分级管控工作制度。

②组织进行年度风险辨识评估，并形成年度风险辨识评估报告。

③按规定组织专项辨识评估，并形成专项辨识评估报告。

④制定重大安全风险管控措施，并在重大安全风险区域划定人数上限。

⑤园区领导、分管负责人定期组织对重大安全风险管控措施落实情况和管控效果进行检查分析，并完善管控措施。

⑥认真开展园区领导带班制度，跟踪重大风险管控措施落实情况，发现问题及时整改。

⑦在重大安全风险存在区域的显著位置设置公告牌。

（2）隐患排查治理。

①建立健全事故隐患排查治理责任体系，建立健全隐患排查制度。

②制订年度排查计划，明确排查内容和排查频次。

③园区领导定期组织全园区隐患排查，分管负责人定期组织分管系统隐患排查，对排查出的隐患及时进行整改。

④对排查出的事故隐患进行分级，按事故隐患等级进行治理、督办、验收。

⑤认真开展园区领导带班制度，并有检查情况及隐患整改落实情况记录，对安全隐患按"五落实"原则进行整改；严格执行隐患治理闭环管理。

⑥及时通报事故隐患排查和治理情况，接受监督。

3．考核方法

工业园区可对上述考核内容确定具体的分值及扣分标准，每月由安全管理部门进行考核，考核结果在每月安委会会议上通报，对查出的问题及时进行整改，并将考核结果与员工绩效结合进行奖惩。

二、工业园区安全双重预防机制信息系统考核制度的建立

工业园区安全双重预防机制信息系统为"双防机制"在园区内部落地提供了一个有力的工具，既有利于园区安全管理的信息化、规范化，切切实实提高工业园区的安全管理水平，也实现了标准化对标和考核的要求。所以，工业园区安全双重预防机制信息系统的使用情况能间接反映工业园区安全双重预防机制的落地情况。

1．考核目的

为强化工业园区安全双重预防机制信息系统的管理，确保系统稳定高效运行，园区应基于实际情况建立园区安全双重预防机制的考核制度。

2．考核内容

（1）园区领导带班情况，以及重大风险管控措施落实情况和隐患检查记录的上传情况。

（2）安全管理部门定期上传安全办公会上关于月度风险管控总结、风险管控会议纪要等信息。

（3）每次进行专项辨识后，安全管理部门应录入专项辨识的结果。

（4）各专业定期录入本专业的风险管控措施落实情况等内容。

（5）园区安全大检查中发现的隐患由安全管理部门录入系统，各专业检查发现的隐患由各专业自行安排录入，安全生产标准化检查发现的隐患由安全管理部门统一录入，入园企业自身发现的隐患由入园企业自行安排录入。

（6）园区及上级组织检查发现的隐患，由安全管理部门录入系统。

（7）安全管理部门负责对信息进行核实，各级管理人员录入的隐患要严格与危险源对应，录入的职工不安全行为必须描述准确、详细。

（8）各班组应在每班前查看本班组应负责整改的隐患情况，并安排整改。整改完成后，应及时录入整改信息。

（9）因客观条件无法按期整改的隐患，责任单位应将隐患的"检查日期、检查人、内容、限期整改日期、班次"形成书面报告，经检查人签字确认，报送安全管理部门进行延期处理。

（10）隐患整改完毕，由隐患查出单位进行复查；园区领导、上级组织查出的隐患由安全管理部门进行复查。

（11）对存在争议的隐患信息，责任单位可在当日驳回，由安全管理部门进行仲裁处理。

三、其他说明

安全生产标准化基本要求已经把安全风险分级管控和隐患排查治理纳入考核范围，其中对安全风险分级管控和隐患排查治理工作作出了相应要求，也对评分方法进行了明确规定，工业园区及入园企业可以参考其内容建立园区的安全双重预防机制考核制度，并按照其评分方法对工业园区安全风险分级管控和隐患排查治理工作进行评分，从而考察工业园区安全双重预防机制的落地情况。

第四节 预防机制的审核

审核是工业园区安全双重预防机制持续改进的重要手段，用于确定符合管理体系要求的程度、管理体系的有效性和识别改进的机会，是管理体系监督改进的重要组成部分，通过定期审核能够使过程管理的符合性、管理体系运行的有效性得到持续改进。

一、审核的目的和作用

审核工作是一项系统而又严谨的工作，工业园区安全双重预防机制审核的主要工作包括：①收集审核证据；②对证据进行评价得出审核发现；③根据审核发现和审核目标得出审核结论，如图 9 - 2 所示。

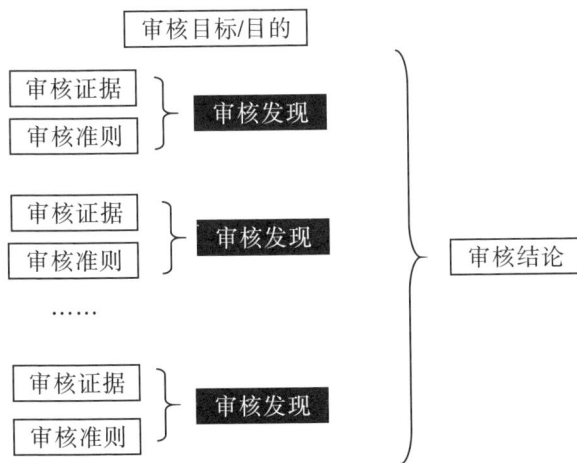

图 9 - 2 审核工作示意图

从总体上讲，机制审核是判断工业园区安全双重预防机制符合审核准则的程度，用以检查园区安全双重预防机制的符合性、充分性和有效性。具体说，审核工作主要有如下几个方面的目的：

（1）是否建立了完整的工业园区安全双重预防机制，且满足国家标准或其他约定文件的要求。

（2）查找工业园区安全双重预防机制存在的不足，及时发现安全管理中存在的问题，组织力量加以纠正和预防。

（3）内审作为一种自我改进的机制，使园区安全双重预防机制持续有效地保持其有效性，并能不断改进，不断完善。

（4）提高风险辨识的质量、促进风险辨识结果的应用。

（5）验证工业园区安全双重预防机制是否得到有效运行。

（6）在实现目标和要求的结果方面，过程和系统的有效性和效率如何。

（7）工业园区安全双重预防机制的效果是否持续改进。

二、审核的工作重点

工业园区安全双重预防机制的审核是个结构化、系统化的过程，科学的组织、合理的审核流程，对提高工业园区安全双重预防机制审核的有效性非常重要。

为规范工业园区安全双重预防机制内部审核工作，园区需明确审核方案和程序，既要明确审核的范围、频次、方法和能力要求，又要明确实施审核和报告结果的职责和要求。工业园区安全双重预防机制审核重点工作包括制订审核方案、审核准备、现场审核的实施、审核报告编制和审核后续活动。

1. 制订审核方案

审核方案是针对特定时间段所策划的、具有特定目的的、用于完成一组（一次或多次）审核的工作安排。审核方案包括策划、组织和实施审核的所有必要的活动。

为了确保园区的内部审核和外部审核工作能有计划、有组织地实施，园区应在每年年初编制年度审核方案，对一个审核年度内需要进行的内部审核和外部审核工作作出安排。审核方案一般由园区安全双重预防机制主管部门（或安全管理部门）负责起草，由工业园区安全双重预防机制的管理者代表（或分管领导）审核批准，正式行文下发。审核方案的内容应包括审核目的、审核范围、审核时间、审核方式以及审核组等。

2. 审核准备

按照审核方案确定的时间、范围，方法，工业园区在每次审核前需提前准备，以确保审核过程的可控性、审核工作的有效性。在审核准备阶段，需要对以下活动进行精心准备和周密安排。

（1）确定审核组。

为确保审核工作的严谨性和有效性，审核工作应由审核组实施，审核前需事先确定审核组，明确审核目标、任务和责任。内部审核是一个跨部门的工作，对单位的工作影响较大，对业务流程和管理制度都将产生重大的影响，因此园区应当慎重选择审核员。审核员通常由各部门人员产生，主要应来自安全生产和专业技术部门，因为审核不只是形式，更重要的是内容。单位负责人和管理者代表担任内审员是非常好的一种做法，真正把内部审核作为改进管理工作的一种重要机制。

按照工业园区安全双重预防机制审核的组织要求，应在正式审核之前组成审核组。根据审核方案安排，体系管理部门负责提名审核组成员，并提名一名审核员担任审核组组长，报管理者代表（或分管领导）同意。审核组的规模视园区大小、审核范围、审核形式以及审核所涉及的专业等不同而不同。通常园区规模越大、入园企业越多、人员越多、审核范围越大、采用集中审核方式以及涉及专业越多的，审核组人数要求就越多。

（2）确定审核范围。

审核范围是指需要进行审核的内容和界限。审核范围通常包括实际位置、组织单元、活动和过程以及所覆盖的时期，具体为体系建立和实施所依据的体系标准的元素所涉及的生产经营活动和过程。审核范围的描述，通常有两种方式：一种描述为体系覆盖的单位和部门活动所涉及的元素和过程，以及这些单位和部门所管辖的区域；另一种描述为体系元素规定的过程所涉及的单位和部门及场所。审核范围的不同表述方式决定了审核时不同的审核路线，即按部门查元素或者按元素查部门。

（3）审核分工和日程安排。

审核组成立之后，由审核组组长按照审核范围、审核时间以及审核员的专业和技能等，对审核任务进行分工，对审核日程作出安排。分工时应注意以下几点：

①审核范围内的全部元素和部门都应覆盖到，包含领导层，不得有

遗漏。

②对首次会议、审核组内部会议和末次会议时间作出明确安排。

③审核时间要满足审核需要，特别是要给现场审核留够时间。

④考虑回避原则，审核员不能被安排去审核自己（包括本部门）的工作。

⑤考虑专业需要，安排专业审核员审核相关专业部门和元素。

（4）形成书面审核实施计划。

审核实施计划是对一次审核活动和安排的描述。审核组组长在上述各项工作都得到确定后，负责起草审核实施计划，并报管理者代表（或分管领导）批准。审核实施计划应至少提前一周传达到被审核单位、领导层成员和审核员。审核实施计划的具体内容一般包括审核目的、审核范围、审核准则、审核组、审核日程等。

（5）准备审核文件。

审核员在接受审核任务之后，应做以下准备：

①查阅有关的法定要求。

②查阅与审核任务有关的体系文件（程序、标准，作业文件等）。

③编写审核检查表。

3．现场审核的实施

现场审核是工业园区安全双重预防机制审核的关键环节，在整个审核工作中占据重要的位置，现场审核的成功与否直接决定整个审核工作的科学性、有效性。因此，根据工业园区安全双重预防机制建设的特点，按照PDCA运行模式，进行科学的、规范的、有序的审核，是审核工作有效性的保障。通常工业园区安全双重预防机制现场审核的步骤和主要内容如下。

（1）召开首次会议。

首次会议是审核工作的重要环节，是一项正式而重要的工作。首次会议必须以正式的形式召开，简短且高效。其目的是通报审核活动的基本原则，让各单位和部门对审核目标和审核方法有全面的了解，为审核员提供执行审核任务的基本信息。内部审核的首次会议一般包含以下3项内容。

①介绍与会主要领导和审核组成员。

②通报内部审核实施计划和日程安排，特别强调计划调整的内容和末次会议的时间和地点；简要解释审核方法、审核的风险及如何规避和预防。

③管理者代表或最高管理者发言。强调本次内部审核工作的重要性，对审核组工作提出要求，并要求被审核单位做好配合工作等。

（2）事故审核。

事故审核是内部审核中最先审核的内容。通过事故审核，可以查找园区在事故报告、事故处理以及事故防范等管理工作中需要改进的方面，通过事故经验审核，清楚园区在安全管理工作中暴露的主要风险，为后续审核打好基础。

事故审核一般由审核组组长或者在事故管理方面有经验的审核员进行。事故管理审核的重点包括：

①核实已发生的事故，审核和分类核实园区在年度或审核周期内发生的所有事故。

②事故管理系统审查，重点是事故管理系统的建立和执行情况。

③事故损失与保险管理审查。重点关注事故损失计算是否符合规范并准确，事故保险分析、理赔程序执行情况、损益计算和对事故损失风险转移的建议等。

（3）风险分级管控审核。

风险分级管控是体系建立和持续改进的基础，因此风险分级管控的审核是整个审核中的重要工作，贯彻审核的全过程。通过风险分级管控审核，可以帮助工业园区找出在危险源辨识和风险评估工作方面存在的问题和不足，以及了解风险分级管控的落地情况，以验证工业园区双重预防机制建设的科学性与实用性。

风险分级管控审核主要内容包括：

①审查园区风险辨识评估程序和标准，评价其科学性、充分性。

②确认风险辨识评估是否覆盖到工业园区全部责任范围。

③审核对风险辨识评估方法和标准的遵循情况，包括风险辨识评估组织管理情况。

④查看风险概述和风险评估表等结果的全面性和有效性。

⑤审查风险分级管控措施遵循优先顺序的合理性和可行性。

⑥审查风险分级管控目标与计划的建立和执行情况。

⑦审查风险评估在风险分级管控中的应用情况。

⑧审查年度风险辨识的全面性和有效性。

⑨审查专项风险辨识的制度、流程的合理性。

⑩全员参与风险分级管控情况及风险意识状况。

（4）隐患排查治理审核。

隐患排查治理是风险分级管控工作的延续，通过对隐患排查治理的审核，可以帮助工业园区找出在隐患排查治理工作中存在的问题，有效减少园区安全事故发生。

隐患排查治理审核主要内容包括：

①审查隐患排查治理目标与计划的建立和执行情况。

②审查隐患排查治理组织与流程的合理性。

③审查事故隐患分级制度的制定与分级管理的合理性和可行性。

④审查隐患升级与督办制度及流程的合理性和有效性。

⑤审查隐患排查治理措施制定的合理性。

⑥审查隐患排查治理保障措施的有效性。

（5）文件系统审核。

文件系统审核主要是通过对文件的审查来实现的，目的在于查证管理体系是否符合法律要求、管理标准的要求和双重预防机制的需要，包括管理标准、技术标准和操作标准等与工业园区安全双重预防机制体系文件的符合性。

管理体系文件审核要围绕"5W1H"进行，即 Why（目的：为什么做）、What（对象：做什么）、Where（地点或范围：在哪里执行）、When（时间：什么时候执行）、Who（人员：由谁执行）、How（方法：如何执行），每个过程控制的文件要能够全面回答这些问题，且符合园区安全生产实际。

（6）依从性审核。

依从性审核的目的是评估确定现场实际情况与工业园区安全双重预防机制文件规定、法律法规要求的一致性，即工业园区安全双重预防机制文件贯彻执行的有效性。依从性审核主要采取现场审查的形式，具体方式如下：

①会见：与现场工作人员交谈，了解情况。

②观察：深入现场，查看设备、设施、工作环境、人员行为状况。

③记录审查：审查各种过程运行记录、监督改进的记录。

由于审核的现场范围较大、涉及的元素多，涉及多个环节和多个责任单位，要在比较短的时间内完成现场依从性审核，难度较大。因此，需要确定检查计划，应用抽样方法进行，如图9－3所示。

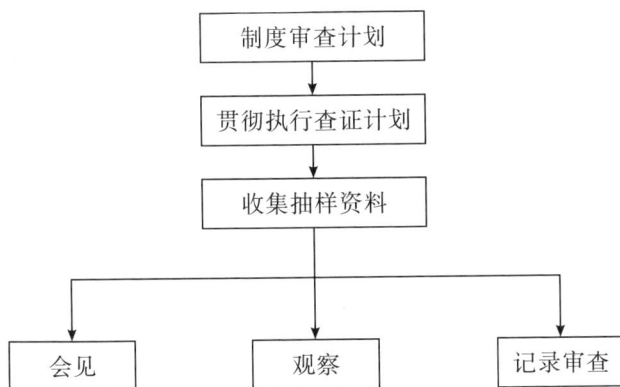

图9－3　依从性审核流程图

在寻求事实的过程中，审核员应该运用知识、经验、洞察力、感官、听觉、嗅觉等查找和获得信息，不惜体力地查看现场，多与工作队员交流，多思考。同时，将审核过程中的发现问题记录下来，在条件允许的情况下可借助相机来记录现场审核发现。

（7）审核发现评估。

审核发现评估是在实地审核接近完成的时候，对审核发现事实进行评估，对审核结果进行评价总结，形成审核结论。审核员根据审核计划，利用足够的时间仔细评价审核结果；审核组对审核结果进行充分讨论，力求让受审核单位在审核活动中受益。审核结论要能够客观反映受审单位双重预防机制建设与运行情况，包括体系的符合性、充分性和有效性。

对于园区管理层来说，审核发现评估应能够反映工业园区安全双重预防机制管理体系的系统性问题和不足之处。因此，审核员不只是停留在现场审核发现的具体问题和隐患，而是要透过现象分析背后的管理环节中存在的问题和不足。审核组应组织内部讨论，分析主要偏差的原因，进行综合考虑，并在末次会议向管理层报告。

（8）末次会议。

末次会议是现场审核的最后一步，是审核组向受审核方通报审核结果的正式形式。末次会议对审核组和受审核方来说具有非常重要的意义，既是对审核结果的陈述，又是对审核全过程有效性的证实。

末次会议同样应由审核组组长主持，参加末次会议的人员与参加首次会议人员保持一致。通常，末次会议的主要议程包括：

①重申审核目的和范围，回顾审核进程。

②陈述审核发现，报告体系运行的积极方面和需改进的方面。

③报告审核结论（强调工业园区安全双重预防机制运行的科学性和有效性）。

④受审核单位领导讲话。

⑤致谢，感谢受审核单位在审核中的配合。

4. 审核报告编制

工业园区安全双重预防机制现场审核和末次会议结束后，审核组组长需组织有经验的审核员尽快编制完整的审核报告。审核报告是园区实施工业园区安全双重预防机制改进和提升的重要文件，一份真实反映工业园区安全双重预防机制运行状况的审核报告能够让园区真正受益，具有十分重要的作用和影响力，因此审核员应重视并认真完成审核报告。

（1）审核报告的内容。

审核报告内容至少包括扉页、目录、概要、发现的事实、附件。审核报告中应将所有审核发现报告给受审核方，报告要求表达清晰、逻辑合理、排版整齐。

（2）审核报告的重点。

由于工业园区双重预防机制审核不同于安全检查，其主要关注体系及其运行的符合性、充分性和有效性。因此，审核报告应重点报告园区在双重预防机制管理中存在的偏差：

①领导者的重视程度和推动力。

②工业园区安全双重预防机制制度、程序、标准的完整性和质量。

③危险源辨识和风险评估的质量。

④风险分级管控的质量。

⑤隐患排查治理的质量。

⑥人员的知识、技能和态度，员工安全意识。

⑦企业安全文化。以人为本、全员参与的氛围。

⑧监督检查机制与执行情况。

⑨生产系统及设施、设备状况。

⑩作业环境状况。

⑪计划管理与贯彻落实情况。

⑫信息沟通与交流的质量。

5. 审核后续活动

审核发现的与工业园区安全双重预防机制要求不符合项，为工业园区安全管理提供了改进的方向，实施整改和提升才是审核的真正目的。园区对审核报告中的不符合项进行分析，制订整改计划，明确具体要求、措施、整改期限、责任部门（责任人）。

审核组或工业园区安全双重预防机制主管部门在对不符合项进行整改时应安排人员对审核报告中提出的不符合项整改情况进行跟踪验证，以确保所有不符合项得到有效整改。重点关注以下方面：

（1）参与责任单位整改措施有效性的审查。

（2）监督责任单位和人员对整改工作落实。

（3）跟踪整改行动按计划执行。

（4）验证整改措施效果

第五节　双重预防机制管理信息系统的优化与数据管理

一、工业园区安全双重预防机制管理信息系统的优化

工业园区安全双重预防机制管理信息系统主要研究如何使用现代计算机技术和信息技术对双重预防机制信息资源进行有效管理，实现双重预防机制管理事务的有序化、系统化和自动化，达到保障园区生产经营活动安全的目的。

双重预防机制提出的时间还不长，园区对其认识还存在模糊不清之处，

软件开发企业的理解更是缺乏深入，浮于表面，从而导致很多工业园区安全双重预防机制信息化建设不够系统和完善，我们可以从以下几个方面对双重预防机制信息化平台进行优化和升级。

（一）与安全内部市场化管理结合

内部市场化是很多园区在精益管理领域的探索，安全市场是工业园区重要的内部市场之一。将安全内部市场化管理与双重预防机制结合，使对隐患、"三违"的检查、整改形成一个整体，既推动了双重预防机制的落地，也为内部市场化体系建设提供了有力支持。园区可以将内部市场精益管理的思想引入双重预防机制建设中，使两者有机融合，尤其确保双重预防机制隐患治理流程的有效落实。

（二）探索多层级的安全风险管控

双重预防机制建设要求在园区内部进行安全风险分级，其涵盖深度应从园区、部门、科室、班组至个人。只有每个管理层级做好本层级职责内部的风险管控工作，才能真正实现对风险的全面管控。全生产标准化中对风险管控的要求只停留在园区管理层上，离全面还有一定的差距。多层级安全风险管控是按照双重预防机制的要求，将安全风险管控的层级分为园区、分管领导、职能部门、业务科室、班组和个人六个层级进行风险管控。安全风险分级管控真正实现了分级，而不仅仅是年度、月/季度、周/旬措施，以及领导现场检查等高层的责任，真正成了整个园区的安全管理活动。

（三）融合移动信息平台

双重预防机制管理信息系统涉及大量有关风险和隐患管理的数据。显然，各个不同来源、不同种类数据的及时、准确录入是双重预防机制管理信息系统运行的前提，也是系统时效性的关键。由于相关数据数量庞大，而园区及入园企业各级人员工作又繁忙，因此不时会出现数据录入不及时、占用时间较高等困扰。

双重预防机制移动信息平台采用移动信息技术和工具，与现有的基于桌面端的双重预防机制管理信息系统数据进行共享，为用户提供方便、快捷的信息录入、查看、处理等功能，可以极大方便管理人员对出现的问题进行及时管控。

移动信息平台是当前信息化建设的一个重要方向，也是未来双重预防机制管理信息系统发展的必然路径之一。移动端所提供的便利性、及时性，是对现有桌面端系统的有效补充，极大地方便了每一个管理人员和员工的操作，促进了系统的使用，提高了双重预防机制落地的效果。

（四）基于人员定位的双重预防机制升级

双重预防机制的很多工作都和人员、地点有密切的联系。人员定位系统对充分利用双重预防机制管理信息系统的数据录入、问题预警等，都具有非常重要的价值。基于人员定位的双重预防机制升级是将操作人员定位系统数据与双重预防机制信息系统集成，利用人员定位系统实现对人员所在位置风险的实时告警和提示等，还能按照计划对双重预防工作执行情况进行提示和分析。与人员定位等传感器和通信系统中存在的安全信息相结合，是丰富当前双重预防机制管理信息系统中信息类型和数量的重要手段，也是提高双重预防机制运行针对性，优化检查资源配置的重要方法。

（五）双重预防机制运行考核管理

任何管理模式、管理信息系统的运行，都需要员工对机制的有效执行，一些关键指标的完成情况，更是衡量一个管理模式运行好坏的重要标准。双重预防机制的运行需要园区上下的支持和努力，尤其是安全管理部门和负有安全管理责任的园区领导、职能部门、业务科室等。

双重预防机制运行考核管理系统主要是面向园区及入园企业中双重预防机制检查人员和治理人员等用于完成任务规划和考核管理的信息系统，用以调动每一个人员的积极性和主动性，防止出现工作懈怠或走样的问题。双重预防机制运行考核管理系统也是园区领导、安全分管负责人实现对内部考核的重要工具，能够极大提高管理人员的管理效率，降低管理成本，实现对员工工作积极性的有效激励。

二、工业园区安全双重预防机制管理信息系统的数据管理

风险数据库是工业园区安全双重预防机制信息系统运行的基础和核心，而随着工艺的发展、设备的更新、环境的变化，建立的风险数据库会随之产生变化，原有的、老的、不适用新工作情况的风险数据库应进行更改或删除；而随着新设备的引入、新的作业活动、新的工作环境而产生的风险，

需要重新进行辨识，录入到风险数据库中。风险数据库中数据的不断更迭、完善，就需要管理人员对数据库进行动态管理，风险数据库管理流程图如图 9-4 所示。

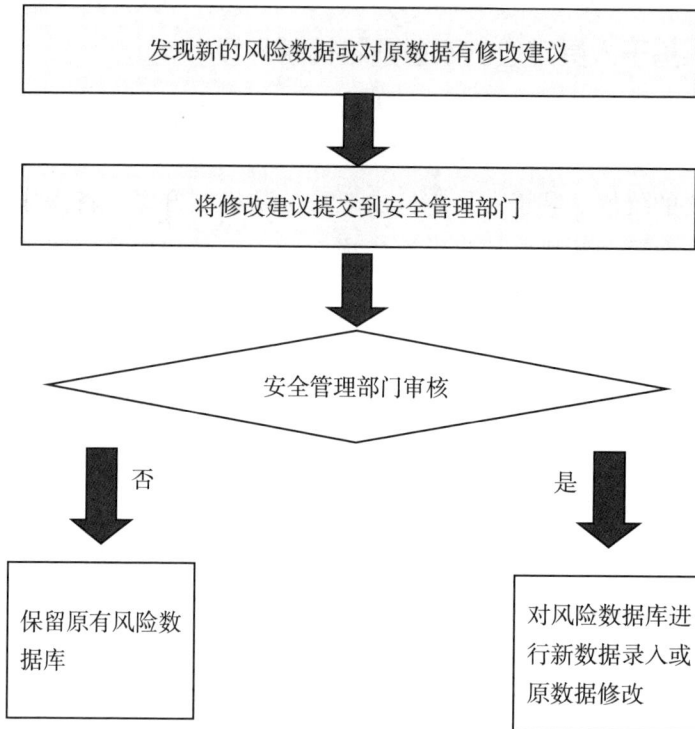

```
┌─────────────────────────────────────────┐
│      发现新的风险数据或对原数据有修改建议       │
└─────────────────────────────────────────┘
                    ↓
┌─────────────────────────────────────────┐
│          将修改建议提交到安全管理部门           │
└─────────────────────────────────────────┘
                    ↓
            ◇ 安全管理部门审核 ◇
           ↓ 否              是 ↓
┌──────────────┐      ┌──────────────────┐
│  保留原有风险数   │      │  对风险数据库进     │
│  据库          │      │  行新数据录入或     │
│               │      │  原数据修改        │
└──────────────┘      └──────────────────┘
```

图 9-4　风险数据库管理流程图

由于要保证风险数据库的一致性、完整性与安全性，不能允许每一个员工对风险数据库随意地修改。因此，风险数据库的修改、录入功能就需要进行权限的限制。员工发现新风险数据或对原有风险数据有修改的建议，可将建议在管理信息系统中进行填写，统一提交到安全管理部门进行审核，由安全管理部门统一进行核查，检验员工意见是否真实、可靠，最终决定风险数据是否进行修改或录入。

第十章 广东省工业园区双重预防机制的自评与等级评价

生产安全双重预防机制建设的结果应定期予以评价，一方面明确当前的建设水平和阶段，为下一阶段双重预防工作的提升提供信息；另一方面则是为双重预防机制的优化和完善提供依据。双重预防机制自评和等级评价的主要方法有对照安全生产标准化评价法和对照标杆单位评价法两种。

第一节 双重预防机制自评管理

工业园区开展生产安全风险分级管控与隐患排查治理双重预防管理体系的自评工作，是为了提高自身的安全管理水平，确保工业园区生产经营安全风险分级管控与隐患排查治理管理体系流畅有效运行，提升园区核心竞争力。

通过工业园区生产安全风险分级管控与隐患排查治理管理体系的自我评定并采取相应手段对评定结果进行量化（如打分制），可以使工业园区及入园企业直观且清晰地了解到自身的双重预防管理体系属于哪一级的成熟水平，进而可以使工业园区及入园企业认识到自身安全管理工作体系流程的薄弱环节与改进的方向。

工业园区生产安全风险分级管控与隐患排查治理管理体系工作的自我评定可以分为两个方向进行：一个方向是对照相关法律法规、规章制度中对于生产安全风险分级管控以及隐患排查治理的相关要求进行全面的、系统的自评；另一个方向是将自身同实施工业园区生产安全双重预防机制管理体系的优秀标杆单位进行比较，并设定对标杆单位进行学习的安全管理指标，将园区自身的生产安全双重预防机制管理体系的各项指标与标杆单位进行对比分析与评价。

一、对照安全生产标准化评价法

（一）安全风险分级管控部分

工业园区生产经营安全风险分级管控相关要求的部分内容见表10-1。

表10-1　安全生产标准化中安全风险分级管控评分表（部分）

项目	项目内容	基本要求	标准分值	评分方法	得分	扣分	扣分原因
工作机制10分	职责分工	建立安全风险分级管控工作责任体系，园区主任全面负责，分管负责人负责分管范围内的安全风险分级管控工作	4	查资料和现场。未建立全员责任体系不得分，随机抽查，园区领导1人不清楚职责扣1分			
		有负责安全风险分级管控工作的管理部门	2	查资料。未明确管理部门不得分			
	制度建设	建立安全风险分级管控工作制度，明确安全风险的辨识范围、方法和安全风险的辨识、评估、管控工作流程	4	查资料。未建立制度不得分，辨识范围、方法或工作流程1处不明确扣2分			
……	……	……	……	……			

（二）事故隐患排查治理部分

工业园区隐患排查治理的相关要求的部分内容见表10-2。

表 10 - 2　安全生产标准化中事故隐患排查治理评分表（部分）

项目	项目内容	基本要求	标准分值	评分方法	得分	扣分	扣分原因
工作机制 10 分	职责分工	有负责事故隐患排查治理管理工作的部门	2	查资料。无管理部门不得分			
		建立事故隐患排查治理工作责任体系，明确园区主任全面负责、分管负责人负责分管范围内的事故隐患排查治理工作，各职能部门、业务科室、班组、岗位人员职责明确	4	查资料和现场。责任未分工或不明确不得分，园区领导不清楚职责 1 人扣 2 分、部门/科室负责人不清楚职责 1 人扣 0.5 分			
	分级管理	对排查出的事故隐患进行分级，并按照事故隐患等级明确相应层级单位（部门）、人员负责治理、督办、验收	4	查资料和现场。未对事故隐患进行分级扣 2 分，责任单位和人员不明确 1 项扣 1 分			
……	……	……	……	……			

按照标准化的要求，园区应每月对照安全生产标准化中的评分表对本单位双重预防运行情况进行自评，并将自评结果一并上报行业主管部门。

工业园区生产经营安全周期性自评，是园区生产安全双重预防管理体系的要求，或者说是先进管理模式在体系运作过程中的必然结果。园区进行全面、系统的安全生产标准化自评，其作用主要体现在以下几个方面：

（1）能够使园区自身对工业园区生产安全双重预防管理体系的有效性和体系的整体运作时效以及人员对体系的熟悉了解程度形成客观的认识与评价。

（2）有利于培养工业园区及入园企业自发地展开安全生产管理工作的意识以及热情，有利于培养积极向上的安全生产文化氛围。

（3）可以实时监测园区各项有关涉及安全生产工作的进展情况，并且可以实时获取相关信息，及时对这些工作的可持续性进行评价与修正。

（4）有利于及时发现工业园区及入园企业安全生产管理的薄弱环节，并确定改进的优先次序，确保资源被合理利用。

（5）可以为更为全面的安全工作管理体系评价打下基础。

（6）有利于工业园区双重预防机制管理体系走向成熟，安全生产管理体系整体向卓越业绩水平发展。

二、对照标杆单位评价法

所谓对照标杆单位就是比照标杆找差距。对标管理是园区以行业内或行业外的一流单位作为标杆，从各个方面与标杆单位进行比较、分析判断，通过学习他人的先进经验来改善自身的不足，从而赶超标杆单位，不断追求优秀业绩的良性循环。

推行对标管理就是要使园区的目光紧盯业界最高水平，明确自身与业界的差距，从而指明工作的总体方向。除了将业界的最高水平单位作为标杆外，园区及入园企业自身的最高水平也可以作为内部的标杆，通过与自身相比较，可以增强自信，并且激发不断超越自我的工作激情，从而能够更有效地推动园区自身安全管理水平向业界最高水平看齐。为规范对标管理工作，工业园区需建立对标管理的制度与体系，培养对标工作人员并且对其进行全面的系统性培训。在实施对标工作前，还需要建立完善的对标体系，包括安全业绩指标、风险分级管控指标、隐患排查治理指标和具体评价标准，见表 10 – 3。

表 10 – 3　双重预防标杆单位自评表

序号	指标名称	标杆单位管理模式	评价标准	基本分	实得分	备注
1	风险辨识					
2	风险管控					
3	隐患排查					
4	隐患治理					
5	年度辨识					

（续上表）

序号	指标名称	标杆单位管理模式	评价标准	基本分	实得分	备注
6	专项辨识					
……	……					

第二节　双重预防机制等级评价流程

　　科学的策划和组织，严谨的评价程序，对提高工业园区生产安全双重预防机制管理体系流程的评价的全面性、有效性至关重要。按照国际上流行的评价方法，结合我国工业园区生产安全双重预防机制管理体系的要求与特点，围绕评价的输入、评审、输出几个环节，需合理规划评审流程，重点做好评价准备、评价过程控制、评价决议落实的环节。

　　双重预防机制等级评价总体流程大致如下：管理评价准备→管理评价实施→管理评价报告→管理评价决议落实。

一、管理评价准备

　　管理评价准备主要是确定评价、准备评价输入。在正常情况下，工业园区在生产安全双重预防机制管理体系评价会议前一个月需由园区领导牵头，组织相关人员编制管理评价计划，确定会议议程，分配管理评价输入的准备工作，并形成正式会议纪要下发至各相关单位和人员，以便所属单位、部门和人员进行全面系统性的总结与编写报告等工作。

　　生产安全双重预防机制管理体系评价的准备工作主要包含以下内容：

　　一是确定本次管理评价的日期、地点和评价的内容。

　　二是确定管理评价的形式和组织架构。

　　三是要求参评的部门与人员做好评价输入的准备工作。

　　为满足管理评价需要而提供材料、数据、建议、改进的信息，统称为管理评价的输入。该过程需确保管理评价切实地反映出工业园区生产安全风险分级管控与隐患排查治理双重预防机制管理体系的适宜性、充分性和有效性，对体系作出准确客观的评价。准备评价输入是非常重要的一个环节。通常，工业园区生产安全双重预防管理体系的评价输入材料应包含如下内容：

（1）内外部生产安全风险分级管控评价结果。

（2）与安全管理有关的承诺、方针、目标的发布情况以及合适性。

（3）现行文件化体系的合适性与充分性。

（4）现行组织机构架构的适宜性。

（5）相关法律、法规以及相关方愿望与要求的改变。

（6）风险辨识数据与现行安全状况分析报告。

（7）生产安全风险分级管控目标以及计划的实时实施情况。

（8）实时生产安全风险分级管控监测数据情况。

（9）来自全体各层级员工以及上级公司/部门的意见与投诉。

（10）总体风险管控措施与事故隐患排查治理措施能力的分析报告。

（11）各专业风险管控措施与事故隐患排查治理措施能力的分析报告。

（12）上次评价决定的改进措施的执行情况。

以上所述内容应该分别形成一份管理评价输入文件（例如报告），由具体分管领导或者业务管理部门、单位在管理评价会议上报告。管理评价输入文件的内容既要包含已取得的成绩，同时也应该全面地分析所存在的问题并且提出改进意见和改进方法。

二、管理评价实施

管理评价实施主要以管理评价会议的形式进行，会议的过程控制会直接影响会议的质量。因此，为了确保管理评价会议的质量，工业园区需对会议进行事先缜密的策划、周密的安排，重点需要确定会议议程、控制会议进程、做好会议记录并及时完成评价报告。管理评价会议流程如图 10 – 1 所示。

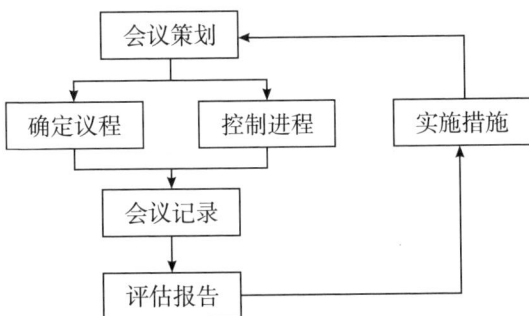

图 10 - 1　管理评价会议流程

三、管理评价报告

管理评价报告的输出主要以评价报告体现，评价报告的主要内容应包含实施改进的决策，这些决策将会对一个时期的生产安全风险分级管控工作产生重大影响。园区生产安全双重预防机制管理体系主管责任部门根据管理评价会议纪要整理形成的管理评价报告，经园区主任批准后，以文件的形式下发至各部门、单位和重要岗位。

报告应至少包含以下几点内容：

（1）评价的日期、主持人，参加管理评价的人员。

（2）对每个评价项目相应的描述以及结论。

（3）对双重预防机制管理体系的适宜性、充分性和有效性予以系统性总结。

（4）评价决议中的改进项，应明确改进责任主体并限定日期进行改进。

在管理评价报告中重点要明确管理评价决议，决议内容应包含以下几点：

①生产安全风险分级管控方针和目标的改进。

②相应组织机构的调整。

③体系文件升级计划。

④资源配置目录。

⑤需要改进的过程。

⑥内外部评价问题的整改方法和杜绝措施。

四、管理评价决议落实

管理评价结束后，园区所属的职能部门和入园企业应根据管理评价报告，将评价决议所确定的改进事项纳入工作计划加以落实，工业园区生产安全双重预防机制管理体系的主管部门和领导应对计划的实施情况进行实时追踪，以确保有关决议充分及时地落实，从而使工业园区生产安全双重预防机制管理体系的适宜性、充分性和有效性得到持续改进。

综上所述，整个工业园区安全双重预防机制等级评价流程如图 10 - 2 所示。

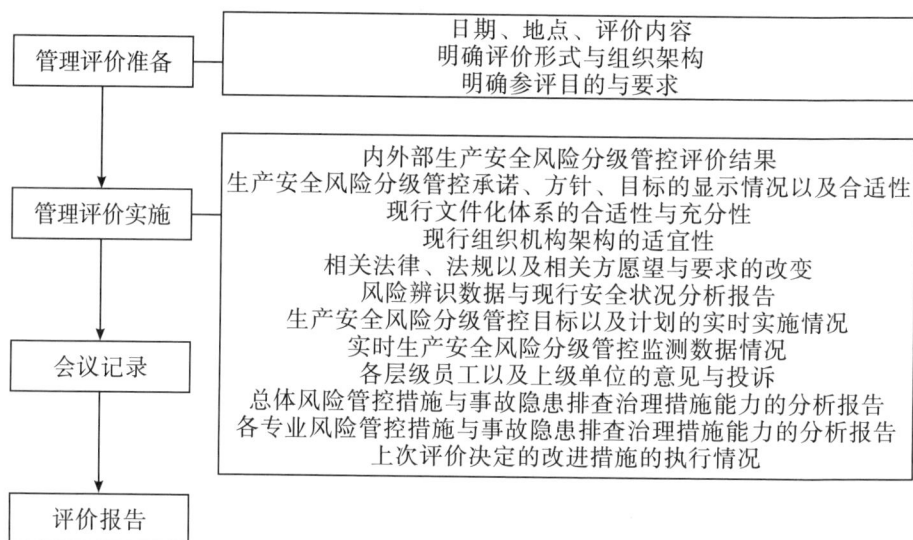

图 10 - 2　工业园区安全双重预防机制等级评价流程图

工业园区安全双重预防机制报告决议落实流程如图 10 - 3 所示。

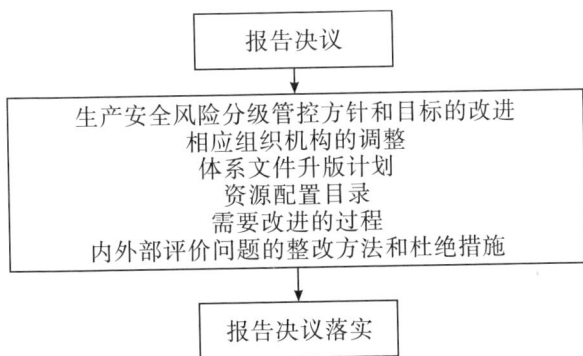

图 10 - 3　工业园区安全双重预防机制报告决议落实流程图

　　上述等级评价流程是一个有力的参考，但并不意味着每次等级评价都要完全按照上述流程进行，而应根据实际情况进行增加或删减。一切的活动都应以双重预防机制等级评价更加科学、准确为目标。

第三节　双重预防机制考核管理信息系统与监管平台

　　任何一种管理机制在初始落地时总会遇到旧有机制的抵抗，有时候这种抵抗还非常强烈。为了克服新机制落地的困难，使员工逐渐理解新机制的意义，习惯新机制的流程，就必须要对园区内部双重预防机制的相关方、实施双重预防机制的工业园区及入园企业，进行一定的考核与监管。这些考核与监管，必须依赖相关的管理信息系统和平台才能有效实现。

一、双重预防机制的考核管理

（一）安全内部市场化管理

　　内部市场化是很多园区在精益管理领域的探索，取得了巨大的效果。安全市场是园区重要的内部市场之一。将安全内部市场化管理与双重预防机制结合，使隐患、"三违"的检查、整改形成一个整体，既推动了双重预防机制的落地，也为内部市场化体系建设提供了有力支持。

安全内部市场化管理功能包括定额管理、预算管理、交易管理、结算管理等。

安全内部市场化管理信息系统可以达到的效果如下：

（1）双重预防流程与内部市场化整合。园区可以通过双防系统，在隐患闭环、"三违"管理中直接进行安全市场交易管理。

（2）安全内部市场化定额动态变化。通过定额管理，可以对不同等级的隐患、"三违"或其他双重预防机制流程进行定价，实现对价格的动态、自动化管理。

（3）通过预算管理，实现对安全检查人员、安全生产单位的安全内部市场监管，提供考核依据。

（4）通过交易管理，实现多级安全交易，将安全压力层层传达到每一个层级、每一个员工。

（5）定期按部门、按人员进行多维度市场交易结算，并形成报表。该报表可与园区内部市场化管理结算系统兼容。

通过该系统，工业园区可以将内部市场精益管理的思想引入双重预防机制建设中，使两者有机融合，尤其确保双重预防机制隐患治理流程的有效落实。

（二）双重预防机制运行考核管理

内部市场化是面向双重预防机制流程的，而双重预防机制运行考核管理系统主要是面向企业中双重预防机制的检查、治理人员等的任务规划、考核管理等的信息系统，用于提高每个相关人员的积极性和主动性，防止出现工作懈怠或走样等问题。只要园区认为对双重预防机制落地和运行效果有帮助的指标或因素，都可以纳入考核中，使考核更加灵活方便。该管理信息系统功能包括考核对象管理、考核指标管理、考核信息管理、考核结果分析等。

双重预防机制运行考核管理系统可以达到的效果如下：

（1）实现对所有相关人员的全面考核。对于安全检查人员的检查任务、检查地点、检查时间等，都能够灵活配置，是园区现有安全人员考核的重要抓手。

（2）通过该系统，能够实现对安全检查人员、治理人员工作的考核和监督，激发各个参与人员的积极性和主动性。

（3）通过该系统，企业能够准确了解当前双重预防机制的运行情况，对考核结果进行多维度的可视化分析。

双重预防机制运行考核管理系统是园区安全主管领导、安全管理部门领导实现内部考核的重要工具，能够极大地提高管理人员的管理效率，降低管理成本，实现对员工工作积极性的有效激励。

二、双重预防机制监管平台

现代信息技术是管理的使能器和放大器，给管理工作带来了新的空间。国家、广东省政府历次关于双重预防机制的文件中多次提出了要建立不同层次的双重预防机制管理信息系统。

虽然对工业园区双重预防机制运行情况进行监管的需求客观存在，但安全生产标准化评分标准中只对企业的双重预防机制进行了规定，缺乏对集团和政府监管层面的双重预防机制的考虑。因此，结合工业园区安全管理实践或政府主管、监管部门的安全监管特点，研究出适合工业园区、政府相关部门属地管辖管理特点的安全双重预防机制监管模式，开发和实施对应的管理信息系统，实现对工业园区及入园企业双重预防机制的有效运作情况进行全面管控，是当前安全管理工作中面临的一项重要而又紧迫的任务。

根据双重预防的思想和工业园区现有的安全监管模式，设计一个上级单位、政府部门对管辖工业园区双重预防机制运行情况进行监管，甚至提出安全监管的双重预防机制，并按照相关思想和方法、流程，设计出面向上级单位和政府监管的双重预防机制管理信息系统，是工业园区安全信息化建设中一个全新而又异常重要的领域。

这是一项全新的工作，需要探讨安全监管部门的双重预防机制运行监管模式与流程，才能更好地实现监管的目标。一般地，上级单位/政府行业主管部门、监管部门双重预防监管流程与模式设计，以及信息系统平台建设主要研究和建设逻辑，如图 10 - 4 所示。

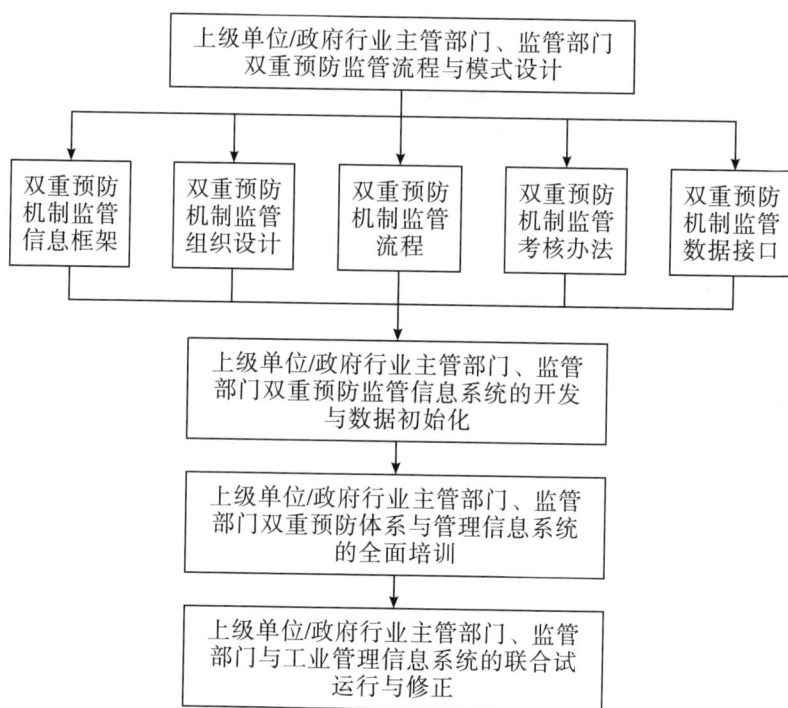

图 10 - 4 项目执行方案

一般地，上级单位、政府主管、监管部门的双重预防机制监管平台的需求应包含以下模块：

（1）上级单位风险管理。对工业园区上报的风险和风险管控信息进行汇总，为上级单位提供多口径的风险查询功能，把工业园区、入园企业作为风险查询门类，风险类型分为年度辨识风险和专项辨识风险。

（2）上级单位安全监管督办。根据上级单位安全管理的安排，向下属工业园区下达安全督办任务，督促工业园区及入园企业按期完成，实现督办任务的下达、执行、跟踪督办、验收的整个闭环流程信息化。

（3）上级单位风险分析与预警。上级单位可根据工业园区的风险分级管控等信息，对下属园区的风险分级管控工作执行情况进行分析与预警。通过风险分析，实现对园区风险与隐患的交叉分析，发现存在的共性，找出内在线索，为上级监管提供支持。

（4）上级单位安全风险综合可视化管理。通过可视化的技术，将工业园区不同等级的安全风险、隐患等信息，在一张图上用不同颜色予以区分显示，明确安全风险监控层级，方便上级单位的安全监管。

（5）上级单位安全风险考核评价管理。实现上级单位对下属园区风险管控体系运行情况进行定期考核评价。系统依据安全风险分级管控机制考核评分标准的层级架构和考核要素的重要程度，并严格依据用户权限进行考核指标的设置与管理。

（6）文档管理。系统提供文档在线上传与查阅功能。

（7）基础管理。系统提供灵活且具有多级授权管理的功能。系统权限管理能够根据单位和用户角色批量下发功能、批量分配权限。

与工业园区双重预防机制信息化建设不同，无论是上级单位监管部门或是政府主管、监管部门，都涉及与所辖工业园区双重预防管理信息系统联网的问题。因此，监管部门应对双重预防机制需要监管的内容和信息格式进行准确定义，即应提前确定数据接口，确保所辖每个园区自身的系统能够提供相关的信息。上级单位监管部门与政府主管、监管部门不同，与所辖园区有着直接管理关系的，可以考虑在上级单位双重预防机制建设之初就将未来的监管需求纳入，在整个组织内部进行统一规划，使各个园区使用的双重预防机制管理信息系统有着相同的框架，这样既能够满足各园区个性化管理的需要，又能够满足监管部门对核心数据的共性要求。